［日］藤田智 著

李钰婧 译

阳台小菜园

手把手教你阳台种菜

人民邮电出版社

北京

图书在版编目（CIP）数据

阳台小菜园 : 手把手教你阳台种菜 / （日）藤田智
著 ; 李钰婧译. — 北京 : 人民邮电出版社，2022.11
ISBN 978-7-115-58070-2

Ⅰ. ①阳… Ⅱ. ①藤… ②李… Ⅲ. ①阳台－蔬菜园
艺 Ⅳ. ①S63

中国版本图书馆CIP数据核字(2021)第248281号

图片摄影：天野宪仁（日本文艺社）

摄影协助：惠泉女学园大学

　　　　　高屋礼奈　小甲亚寿香　伊藤香菜子

　　　　　株式会社东京西部建设（P18~19）

　　　　　株式会社讴歌之家（P20~21）

　　　　　大和住宅工业株式会社（P22~23）

　　　　　以上为ABC住宅　八王子住宅公园内

　　　　　展示场所在地：东京都八王子市大谷町234

插画：玉城聪

合作撰写：长田节子

编辑合作：和田士朗　大泽雄一（株式会社文研联合）

内 容 提 要

你是否曾经向往过"开荒南野际，守拙归园田"的田园生活？

你是否曾经因为没有农田，不能亲手种植蔬菜而感到遗憾？

心动不如行动，你可以通过本书打造自己的阳台小菜园，实现自己向往的田园生活。

本书是一本讲解运用栽培箱就可以在阳台种植蔬菜的教程。全书共 4 个部分，分别是阳台小菜园的基本规划、阳台小菜园的基本操作、首先从这种蔬菜开始栽培吧、可以在栽培箱里培育的蔬菜目录。本书还配有不同蔬菜的主要病虫害和防治方法、种植要点、关于蔬菜栽培的问答，以及蔬菜栽培关键词，文中运用大量图片和图表帮助读者能够在阳台上轻松种植出美味蔬菜。

本书适合园艺爱好者阅读。赶快跟随本书，打造属于自己的阳台小菜园，这样即可天天品尝到挂着晨露的新鲜蔬菜。

◆ 著　　　　［日］藤田智

　 译　　　　李钰婧

　 责任编辑　王 铁

　 责任印制　周昇亮

◆ 人民邮电出版社出版发行　　北京市丰台区成寿寺路 11 号

　 邮编　100164　　电子邮件　315@ptpress.com.cn

　 网址　https://www.ptpress.com.cn

　 临西县阅读时光印刷有限公司印刷

◆ 开本：787×1092　1/20

　 印张：9.4　　　　　　　2022 年 11 月第 1 版

　 字数：301 千字　　　　 2022 年 11 月河北第 1 次印刷

著作权合同登记号　图字：01-2019-7209 号

定价：89.90 元

读者服务热线：(010)81055296　印装质量热线：(010)81055316
反盗版热线：(010)81055315

广告经营许可证：京东市监广登字 20170147 号

序

从"团块世代①"那一代人退休后开始享受悠然自得的生活起,日本的"蔬菜栽培热"便开始了。

但是在城市中,有 60% 以上的人住在公寓里,即使他们想去租一畦市民公益菜园,也会因为竞争激烈而很难租到。

我从很多人那里听说,他们都因为想种菜却没有菜地而烦恼。同时,我参加了主题为"栽培箱菜园"的电视节目录制,虽然只有短短 5 分钟,却得到了出乎意料的巨大反响。

因此我感觉到,人们栽培蔬菜的热情不仅仅限于田地里,他们对在栽培箱里种菜的热情也在提高。

本书以"用栽培箱种菜"为主题,选取培育方法简单、能在较短时间内收获的近 50 种蔬菜,并讲解它们的栽培技巧。

我花了大约 1 年时间,对蔬菜的播种、育苗到最后收获的过程进行了详细追踪,并结合图片一起阐述。希望本书能够为用栽培箱种菜的各位读者提供良好的指导。

在阳台上的栽培箱里种菜,最大的好处之一当属其与日常生活的紧密结合——种菜的地方就在客厅的尽头,全家人都可以参与进来。

如果和孩子一起参与种菜,通过给蔬菜浇水等日常的培育步骤呵护蔬菜的生长,培养孩子的耐心。这个过程就是孩子的种植小实验。

并且到最后收获蔬菜时,所获得的喜悦也有助于对孩子的"食育"。食用自己栽培的安全、放心的蔬菜,也可帮助家人"打造"并维持健康生活。

小时候放暑假时,我一去外公、外婆家,他们便会迫不及待地带我去菜地里,一起收割他们早就为我种好的香瓜。就算到了今天,那些回忆也仍会和香瓜的香甜味道一起萦绕在我的心间。

所以如果是有孙辈的家庭,在蔬菜的收获时节让孩子们一起采摘、享用蔬菜,一定会留下温馨的回忆。欣赏蔬菜在播种后发芽的"身姿"、在阳台上抽生出水灵灵的茎叶并繁茂生长的样子,是一件非常美好的事情。

感受并欣赏四季的交替,倾注感情培养仁爱与怜悯之心,享受蔬菜丰收后的"款待"。

藤田智

---

① 译者注:出生于 1947-1949 年的日本"第一次出生热潮"中的一代人。

目录

第 1 部分 阳台小菜园的基本规划

了解阳台环境

左右日照时间的不仅是朝向

依据不同的日照条件，改善栽培环境

制订一个阳台小菜园的栽培计划吧

第 2 部分 阳台小菜园的基本操作

只要有这三样东西，就可以栽培蔬菜！

去园艺店买园艺工具、种子或秧苗吧！

基本操作流程——从播种、定植到收获

病虫害对策——为了提高收成

第 3 部分 首先从这种蔬菜开始栽培吧

绝对不会失败的练手对象是这几种！

可以在厨房里轻松培育的蔬菜

第 4 部分 可以在栽培箱里培育的蔬菜目录

适合全天都能晒到太阳的阳台蔬菜

适合能晒到半天太阳的阳台蔬菜

"方寸"之中轻松打造 本书的特点和阅读方法
阳台栽培箱里的菜园

第1部分

了解自家阳台的环境
情况，根据不同情况
介绍可以栽培的蔬菜，
并介绍改善栽培环境
的方法、栽培计划的
制订方法。

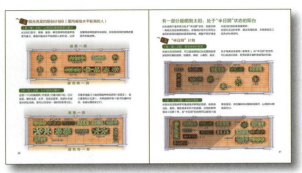

第2部分

在开始栽培蔬菜的时
候，介绍需要备齐的
园艺用品等，并结合
图片解说基本的工作
流程。

第3部分

介绍栽培方法简单的
"樱桃萝卜""皱叶生
菜""分葱"等，以及在
厨房也能轻松培育的
芽苗类蔬菜的栽培方
法。

第4部分

追踪 40 种以上蔬菜的生长状
态，并结合实况图片解说栽培
方法。

壬生菜【水菜】

培育初期要特别注意水分

壬生菜是自古栽培于京都的蔬菜，它在日本
区被称为"水菜"，而在日本关东地区，作为
京都传来的腌渍菜，也被称作"京菜"。
壬生菜没有令人难以接受的味道，其脆生生
深受人们喜爱，是煮日式火锅时不可缺少的
也可用作腌菜、凉菜、炒菜等，将在它鲜嫩
的叶子用作沙拉也很美味。壬生菜含有β-
素、维生素C、钙、铁等营养成分。
壬生菜的生长适宜温度为15℃~25℃，它喜

166

蔬菜的特征和栽培方法
对各种蔬菜的原产地、如何食用会更
加美味、富含的营养成分、适合生长
的气候、栽培方法等进行解说。

难易程度
本书介绍的蔬菜虽然都是比较容易栽培的，但还是根据各种蔬菜到收获为止所花费的天数和精力，划分出了不同的难易程度。
★的数量越少，表示蔬菜越容易栽培。

栽培的步骤
这部分结合实况图片，介绍栽培的准备、播种、育苗、栽种、追肥、培土、修枝等收获蔬菜之前的步骤。
※"栽种○天之后"等中显示的日数指的是一般情况的天数。

蔬菜名称
蔬菜的一般名称和科属。

数据
这部分内容一目了然地显示了各种蔬菜的栽培要点。

据 ★ ★ ☆

培养土：市售蔬菜专用培养土
浇水：土壤表面变干后要充分浇水，注意不
断水
肥：长出8~10片叶子时，以及植株长到
cm~10cm时，施加化肥10g
培箱条件：深度为15cm~20cm的栽培箱
含营养成分：β-胡萝卜素、维生素C、
生素E、叶酸、钙、铁、膳食纤维

候，植株根部会生出很多腋芽。正如其别
一样生菜需要大量水分才能茁壮生长，所
别注意不能断水。在栽培箱内挖两道沟，
薄薄地盖上一层土，在通风良好的地方
种子发芽之前要悉心浇水，避免土壤干
展开之后间苗，间距为3cm。植株长到
cm时施加化肥10g，长出8~10片叶子后
每隔一株进行收获，然后追肥并培土。植
cm左右时依次进行收获。

9	10	11	12	1	2

播种 ▬▬▬　　收获 ▬▬▬

播种 • • •

1　准备标准栽培箱，在箱内挖两道深度为1cm的沟，间隔为15cm。在沟中每隔1cm撒下种子，盖上土，然后用手轻轻按压。充分浇水，直到水从箱底流出。

间苗 • 培土 • • •

2　发芽且双叶展开后间苗并培土，间距为3cm。

追肥 • 培土 • • •

3　植株长到8cm~10cm之后，将10g化肥均匀撒在土上并培土。

生长的样子
- 栽种后约1周
- 栽种后约2周
- 栽种后约4周
- 栽种后约6周

收获 • • •

小技巧

4　植株长到20cm左右时，连同间苗，每隔一株进行收获，然后追肥并培土。植株长到25cm左右时依次进行收获。

主要的病虫害和防治方法
出现传播病毒的蚜虫时，喷洒按1：100稀释的奥莱托®液剂（油酸钠液剂）进行驱除。出现毛虫时，使用防虫网可有效实现物理防御。

167

栽培日历
本书划分了寒冷地带（东北地区以北）、中间地带（关东地区一中部地区）、温暖地带（西日本地区）3个地带，分别表示播种/栽种、收获的时期。但是，由于受各年份气候的影响，特别是阳台的环境各不相同，所以请将其作为栽培时的"一般标准"来参考。

主要的病虫害和防治方法
这部分介绍了各种蔬菜易患的疾病和易生的害虫，以及它们的预防和驱除方法。因每一种农药都有适用的蔬菜、病虫害、使用方法和次数等规定，所以要仔细确认，正确使用。

小技巧
本书在希望读者特别注意的步骤上标注了"小技巧"。

第 1 部分

阳台小菜园的基本规划

了解阳台环境

想要栽培蔬菜，但是不知道该栽培哪些蔬菜，也不知道该如何选择——这对零基础的人来说，应该是第一个难题吧。

大多数蔬菜都喜欢阳光充足、通风良好的地方。但是，也有部分蔬菜喜欢通风良好的阴凉处。所以首先要观察一下阳台、露台、屋顶等想用栽培箱种菜的地点的环境。

明确了日照条件、通风条件、朝向，以及蔬菜的栽培季节后，蔬菜的选择范围自然就缩小到了与其相适应的种类上。另外，为了让栽培蔬菜的环境变得更好，也要随之确定适用的园艺工具，所以先从了解环境现状开始吧。

时间	4	5	6	7	8	9	10	11	12	1	2	3	4	5	6	7
日照																

◎ = 非常亮　　○ = 略亮　　● = 暗

制作类似如上的表格，观察阳台在不同季节的日照条件。

基本上全天都能晒到太阳的阳台

大多数蔬菜都喜欢阳光充足的地方，有这样条件的阳台可以说是"得天独厚"的。但是，在阳台和露台等地方大部分都是混凝土地面，夏天的阳光反射会很强烈，温度也会很高，所以需要特别注意。在地上铺设苇帘或木制百叶板等材料，或将蔬菜挂在墙壁上，可以减弱光和热的影响，并且在白天某些时候浇水，也可进一步改善环境。

另外，到了冬天，由于混凝土温度太低，如果直接把栽培箱放到地上，"寒气"就会传至箱内，导致株体变得虚弱。这时也推荐和夏天一样铺上木制百叶板等。在箱底垫上砖或泡沫、塑料，或使用栽培箱底架等，也对植株有很好的防寒效果。

例1 朝南，附近没有遮光物的阳台

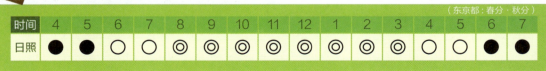

（东京都：春分・秋分）

时间	4	5	6	7	8	9	10	11	12	1	2	3	4	5	6	7
日照	●	●	○	○	◎	◎	◎	◎	◎	◎	◎	◎	○	○	●	●

优势 • • •
光照条件好
（蔬菜栽培的首要条件）

推荐的蔬菜 • • •
（左起）豆角（四季豆）、罗勒、
苦瓜、长蒴黄麻、茄子

劣势 • • •
●因为阳台多为混凝土地面，所以在白天其温度容易过高，特别是在夏季，其地面温度可能会达到50℃～60℃，所以不能把栽培箱直接放置在地上
●反照太强烈，叶子薄的蔬菜容易出现烧叶的情况
●地面无法供给水蒸气，空气湿度较低
●如果不是边角房间，通风有可能不好
●如果是高层住宅，负责授粉的蜜蜂等昆虫很难飞来（但可能会出现蚜虫或蛾子等害虫）
●即使附近没有高大的建筑物，也有可能被墙壁影响光照条件，等等

例2 屋顶露台

（东京都：春分・秋分）

时间	4	5	6	7	8	9	10	11	12	1	2	3	4	5	6	7
日照	●	○	◎	◎	◎	◎	◎	◎	◎	◎	◎	◎	◎	○	●	●

优势 • • •
● 几乎一整天都不会有遮挡阳光的东西
● 通风好，病害虫少
● 宽敞，没有高度的限制，方便使用大型的栽培箱

推荐的蔬菜 • • •
（左起）小番茄、龙豆、西葫芦、落葵、豇豆

劣势 • • •
●天气恶劣的时候，会承受比地面更大的强风，即使在平时，与地面相比，承受的风力通常也相当大
●容易遭受"鸟害"
●因为是混凝土地面，所以在白天其温度容易过高，特别是在夏季，其地面温度可能会达到50℃～60℃，所以不能把栽培箱直接放置在地上
●反照太强烈，叶子薄的蔬菜容易出现烧叶的情况
●地面无法供给水蒸气，空气湿度较低，等等

能充分晒到半天左右太阳的阳台

园艺中经常使用的"半日阴"，是指一天中有5~6小时日照的环境。一天中照射到的阳光都是从枝叶缝隙中透下来的，这种忽明忽暗的地方，或者一直都比较暗的地方叫作"半日阴"的地方。但在这种只能晒到半天左右太阳的阳台和屋顶露台上，创造"半日阴"的环境不太现实，所以这里先略去不谈。

如果是每天有5~6小时日照的地方，就可以充分享受栽培小油菜、菠菜、茼蒿等蔬菜的乐趣。有条件的话，选择能在上午晒到太阳的、朝向东边的阳台比较好，但选择在下午才能晒到太阳的、朝向西边的阳台也可以。

例1 朝东，上午阳光充足的阳台

（东京都：春分·秋分）

时间	4	5	6	7	8	9	10	11	12	1	2	3	4	5	6	7
日照	●	○	○	◎	◎	◎	◎	◎	◎	○	○	●	●	●	●	●

例2 朝西，下午到傍晚阳光充足的阳台

时间	4	5	6	7	8	9	10	11	12	1	2	3	4	5	6	7
日照	●	●	●	●	○	○	○	○	◎	◎	◎	◎	◎	○	●	●

例3 朝南，附近有遮光物的阳台

时间	4	5	6	7	8	9	10	11	12	1	2	3	4	5	6	7
日照	●	●	○	○	○	◎	◎	◎	◎	◎	○	○	●	●	●	●

◎ = 非常亮　　○ = 略亮　　● = 暗

优势 •••
- 高温和干燥等较恶劣的条件可得到缓和
- 若花点心思，也能培育出喜阳的蔬菜（参照第20页）

劣势 •••
- 在通风不好的情况下，容易遭受病虫害
- 培育蔬菜的种类会受到限制

推荐的蔬菜 •••
（左起）小油菜、茼蒿、菠菜、壬生菜、香芹

不常晒到太阳的阳台

即使是朝北的阳台等不常晒到太阳的阴暗环境，也并非完全不能栽培蔬菜。虽然能栽培的蔬菜种类是有限的，但是也有喜阴的蔬菜能在这里茁壮生长。鸭儿芹、茗荷、蜂斗菜是具有代表性的例子（其中，鸭儿芹的栽培方法参照第168页）。另外，对于部分蔬菜，虽然它们的茁壮程度达不到在向阳的地方培育出的蔬菜的茁壮程度，但是也能顺利生长，如小油菜、茼蒿、菠菜、壬生菜、姜、香葱、香芹、薄荷等。

例1 朝东，被高层建筑包围的阳台

（东京都：春分·秋分）

时间	4	5	6	7	8	9	10	11	12	1	2	3	4	5	6	7
日照	●	●	●	○	○	○	○	◎	◎	○	○	●	●	●	●	●

例2 朝西，被高层建筑包围的阳台

时间	4	5	6	7	8	9	10	11	12	1	2	3	4	5	6	7
日照	●	●	●	●	○	○	○	○	○	○	○	◎	◎	○	●	●

例3 朝北（东北、西北）的阳台

时间	4	5	6	7	8	9	10	11	12	1	2	3	4	5	6	7
日照	●	●	○	○	◎	○	○	○	○	○	○	○	◎	○	●	●

◎ = 非常亮　　○ = 略亮　　● = 暗

优势 • • •
- 不容易产生高温和干燥等恶劣条件
- 很难培育喜阳的蔬菜，但可以培育喜阴的蔬菜

劣势 • • •
- 通风不好时会聚积湿气，容易遭受病虫害
- 能培育的蔬菜种类非常有限

可种植的蔬菜 • • •

（左起）薄荷、鸭儿芹

左右日照时间的不仅是朝向

栽培蔬菜时，日照条件的好坏会影响其生长。除了阳台的朝向和日照时间，阳台的环境也需要进行确认。

确认扶手和墙面的材质及形状

如果阳台的扶手、墙面是细栅栏，那么采光和通风条件都是最好的。但如果是能够保护隐私的半透光栅栏，就会挡住一部分阳光。如果采用坚固的混凝土墙，那么日照条件就会很差。在这种情况下，找一个阳光可以照射到的地方，用栽培箱底台或吊钩等提升植物的高度，就可以解决日照不足的问题。也可以在阳光充足的地方安装一个园艺架，把栽培箱集中放在那里。

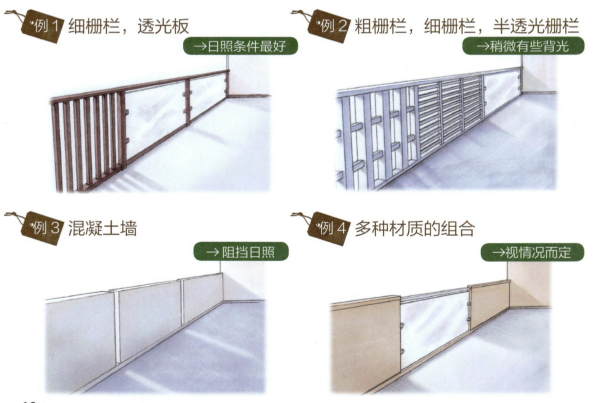

例1 细栅栏，透光板
→日照条件最好

例2 粗栅栏，细栅栏，半透光栅栏
→稍微有些背光

例3 混凝土墙
→阻挡日照

例4 多种材质的组合
→视情况而定

确认阳台的进深

在冬天，阳光较容易照射到阳台深处；而在夏天则相反，有时只能照射到栅栏这一侧。进深较宽的阳台更容易受到季节的影响，所以栽培箱的位置需要随着季节的变化而改变。

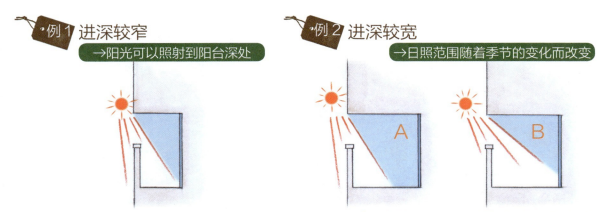

例1 进深较窄
→阳光可以照射到阳台深处

例2 进深较宽
→日照范围随着季节的变化而改变

A：夏天，太阳的位置较高，阳光无法照射到阳台深处。
B：冬天，太阳的位置较低，阳光可以照射到阳台深处。

确认相邻建筑物的高度和间距

此外，也要确认相邻的建筑物是否会影响阳台日照情况。随着季节的变化，建筑物影子的长度会有所不同，所以有时会意外出现背阴的情况。

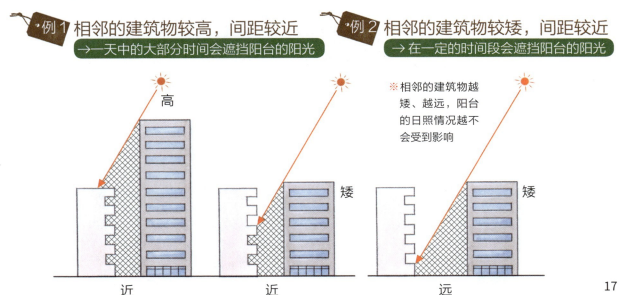

例1 相邻的建筑物较高，间距较近
→一天中的大部分时间会遮挡阳台的阳光

例2 相邻的建筑物较矮，间距较近
→ 在一定的时间段会遮挡阳台的阳光

※ 相邻的建筑物越矮、越远，阳台的日照情况越不会受到影响

高

矮

近　　　　　近　　　　　远

依据不同的日照条件，改善栽培环境

阳台环境

落葵3株
青椒2株
罗勒3株
豇豆3株　　小番茄1株

- 东南朝向的边角阳台（屋顶露台）
- 3个方向的墙壁上都装有半透光板
- 地面为混凝土材质
⇨ 这是全天的日照条件都很好的阳台

拥有日照良好、得天独厚的环境，但是需要采取隔热/隔冷措施

边角位置的东南朝向的阳台，扶手采用注重明亮度和隐私保护的半透光板，这是全天都拥有充足日照和明亮环境的阳台。因其得天独厚的环境，几乎任何蔬菜都能茁壮生长。但是，如果直接用混凝土浇筑的环境中栽培，到了盛夏，由于强烈的日光反射，就容易导致烧叶，或演变为高温、干燥的恶劣环境；到了隆冬，由于夜晚的混凝土温度太低，寒气会从栽培箱底部传入栽培箱内部，所以在整个地面铺设木制百叶板进行隔热/隔冷是不可或缺的。

特别需要注意盛夏期间的管理。因为盛夏期间环境干燥，所以早晚都要给蔬菜浇水，保证充足的水分供给。白天在地面上洒水可以降低一些温度，提高空气湿度。如果有不耐热的蔬菜或在育苗期间的秧苗，也可以挂上遮阳网，制造一角半阴凉的地方。

在培育不耐热的蔬菜或在育苗期间的秧苗时，挂上遮阳网制造一角半阴凉的地方。

虽然该阳台的环境对喜爱阳光的蔬菜极为合适，但由于盛夏的地面会变得特别热，所以必须要在地面上铺设木制百叶板或安装栽培箱底架等。

摄影合作：株式会社 西东京建设[cleverlyhome R系列]（ABC 住宅 八王子住宅公园）

有向阳地带和背阴地带的阳台，选择蔬菜时要"地尽其用"

虽然这是大致朝西的阳台，但因为处在边角位置，南边墙面是开放的，所以一天之中能晒到5~6小时的太阳，基本上什么蔬菜都能栽培。另外，遮盖阳台的屋顶的面积较小，所以比较空旷、明亮。扶手虽是混凝土材质的，但因为有缝隙，所以通风条件很好，可是扶手下方几乎都是背阴的。因此，这是一个在不同位置存在不同日照条件的环境。

如果介意混凝土造成的阳光反射，就需要使用木制百叶板或木制栅栏来隔热。如果在扶手一侧的背阴地带放置稍高的底台，再放置栽培箱，日照条件也可得到改善。若是在被墙壁包围、无论如何也无法改善日照条件的地带，可栽培生姜、鸭儿芹等耐阴的蔬菜。像这样"地尽其用"地选择栽培的蔬菜是非常有必要的。到了夏天，在客厅一侧架设攀爬架，让龙豆、苦瓜等蔓生蔬菜"攀爬"成一片"绿色窗帘"，室内就会变得凉爽，从而可节省空调费用。

夏天，在客厅一侧栽培蔓生蔬菜，让它们攀爬成一片绿色窗帘。这样在享受从室内眺望的乐趣的同时，也可节省空调费用。

阳台环境

生姜
长蒴黄麻2株
紫苏3株
辣椒2株
小番茄1株
红凤菜2株
鼠尾草2株
龙豆3株

● 大致朝西，但南侧也是开放环境
● 阳台上的屋檐面积较小
● 有缝隙的混凝土墙通风很好，但是扶手下面基本上是背阴的
⇨ 这是不同位置存在不同日照条件的阳台

在被混凝土墙包围、日照不足的空间里放置耐阴的蔬菜比较好。

设置较高的底台，将栽培箱放在上面，以确保日照时间。

摄影合作：大和住宅工业株式会社（ABC住宅 八王子住宅公园）

运用园艺工具，改善日照条件

这是一个基本朝西的阳台，阳光照射进阳台是在午后。扶手是不锈钢材质的，因为栅栏有间隔，所以能确保通风。但是，因为阳台进深较窄，所以很容易有背阴的环境。如果蔬菜没有处在边角位置，南边被隔壁遮挡，阳光就无法照射进来。上方的屋檐很宽，整体环境有点暗。如果要栽培蔬菜，需要找一个日照时间稍长的位置。

扶手的下方往往是背阴处，越往上，日照条件越好。因此，利用挂箱和挂钩把栽培箱放在上方，设法让蔬菜接受日照的时间尽量长一些。在底台（花台）或砖上放置栽培箱也是好办法。

在无论采取何种对策都改变不了一整天无阳光照射的环境中，可选择鸭儿芹、生姜等耐阴的蔬菜栽培。

充分运用挂钩和挂箱（一定要挂在阳台栅栏内侧）。

22

阳台环境

鼠尾草2株　蕹菜3株或者香葱2株
生姜
迷迭香2株
薄荷2株

- 阳台大致朝西，进深较窄，屋檐遮挡的面积较大
- 阳台有不锈钢栅栏，通风条件好
- 因南面与邻家相接，所以阳光充足的地方只有墙面的上方
⇨ 这是需要设法保证日照的阳台

把栽培箱放置在底台或砖上，可以保证日照时间。

可在一整天都不易被阳光照射的地方栽培耐阴的蔬菜。

即使在较阴暗的环境中，也要对阳台进行观察，找到尽可能有长时间日照的位置，然后在那里放置栽培箱。这张图片是在左侧图片拍摄完成几十分钟后拍摄的，同一位置的日照有很大的变化。

制订一个阳台小菜园的栽培计划吧

阳台、屋顶露台、独门独户的室外凉台等，如果能确定栽培场所的日照条件、朝向、环境，就能自然而然地确定可以栽培的蔬菜的种类。然后就可以进入下一个步骤，即制订全年的栽培计划。

用栽培箱种菜的最大好处之一是不用担心蔬菜出现像田地里那样的集中、连片的病虫害。但也并不能避免出现因为错过时节导致的栽培失败，或者因某种蔬菜种植太多而出现集中收割，一下子吃不完的情况。所以先以一年为目标，试着分春夏、秋冬两个阶段制订一个栽培计划，确定需要栽培的蔬菜的种类和数量。

在计划中自由组合多种蔬菜的过程非常有意思，明确了最终的目标，也能激励自己，而配苗的计划也会很顺利。这里以两个阳光充足的阳台和一个"半日阴"的阳台为例制订相应的栽培计划，请读者自行参考。

另外，观察那些在蔬菜的日常管理中出现的细微变化、失败以及设法解决的问题等，把它们写成观察日记，可以为第二年的栽培计划提供参考。

基本上全天都能晒到太阳的阳台

这个栽培计划适用的对象是日照和通风条件良好、拥有得天独厚的环境的阳台。虽然在蔬菜的栽培上没有那么大的限制，但是盛夏的水分管理也是需要注意的。

另外，由于阳台的日照充足，容易引起室内的温度上升，所以推荐使用蔓生蔬菜制作出一片绿色窗帘作为遮阳的屏障。

1 阳光充足的阳台计划A（面向新手） ※可以选择几种自己喜欢的蔬菜来栽培。

（春～夏）主题：耐热的蔬菜

这个计划中选择的蔬菜均为原产于热带地区，能够健康度过盛夏酷暑的蔬菜。这是一个面向新手的计划。因龙豆为蔓生蔬菜，所以要引导它缠绕在支柱和网格上，使其成为一片绿色窗帘。而西葫芦的枝叶呈放射状生长，所以要把它放在不碍事的位置上。

道路一侧

西葫芦

红凤菜2株　　蕹菜3株　　落葵3株　　香菜3株

小番茄　　　龙豆2株　　缸豆2株　　辣椒

迷你南瓜

建筑物一侧

（秋～冬）主题：沙拉和香草

皱叶生菜、壬生菜、芝麻菜、直立莴苣、君达菜、小叶生菜，把这些蔬菜当成制作沙拉的材料来栽培，收获后就能在饭桌上吃到安全、放心的自制沙拉。

注意，迷迭香不太耐寒，所以放在建筑物有阳光的一侧比较好。

道路一侧

皱叶生菜3株　壬生菜2列　芝麻菜2列　　分葱1列　　乌塌菜1列　　芥蓝1列

君达菜2列　小叶生菜　　鼠尾草2株　红菜薹1列　　小白菜2列

直立莴苣3株　　　　　迷迭香2株　　　　　　　茼蒿2列

建筑物一侧

2 阳光充足的阳台计划B（面向栽培水平较高的人）

（春~夏）主题：以常吃的夏季蔬菜为重点

此计划以茄子、青椒、番茄、黄瓜等常吃的夏季蔬菜为重点，是面向栽培水平较高的人的计划。让苦瓜攀爬成绿色窗帘来遮阳，在容易背阴的墙角放置香芹的栽培箱。

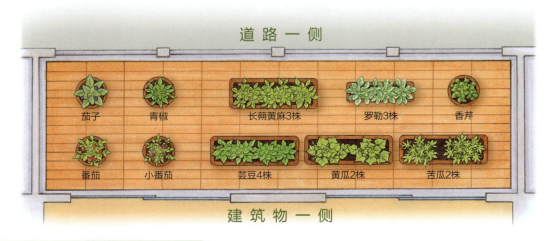

道路一侧

茄子　青椒　长蒴黄麻3株　罗勒3株　香芹

番茄　小番茄　芸豆4株　黄瓜2株　苦瓜2株

建筑物一侧

（秋~冬）主题：以叶菜类为重点

这是一个以叶类蔬菜（叶菜类）为重点的计划。红叶生菜、紫叶生菜、水芹、羽衣甘蓝等，如果从外层菜叶开始采摘，就可以在很长一段时间享用它们。

只要多准备几个栽培箱栽种根类蔬菜（根菜类），如小蔓菁和小红萝卜，并稍微隔开各个箱子的播种时间，就能长期收获它们。

道路一侧

红叶生菜3株　紫叶生菜3株　乌塌菜2列　小棠菜2列　小蔓菁2列　小红萝卜2列

绿卷心菜2株　芥蓝5株　西蓝花2株

羽衣甘蓝2株

君达菜2列　水芹3株

建筑物一侧

有一部分能晒到太阳、处于"半日阴"状态的阳台

此例适用于虽然终日处于"半日阴"状态，但是仍有一角阳光充足地带的阳台。在栽培计划中分别列出喜阳的蔬菜和喜阴的蔬菜的种类，根据不同环境进行适当的规划是很重要的。

在阳光充足的地带，建议采用花架、吊箱等园艺工具充分利用空间。

"半日阴"计划

（春~夏）主题：果菜类和叶菜类

在阳光充足的地带，可以栽培使我们从初夏就能享受收获乐趣的蔬菜，如番茄、辣椒、小番茄、黄瓜、茄子等果实类蔬菜（果菜类）。在"半日阴"的地带，可以栽培叶菜类，享受收获丰富种类蔬菜的乐趣。

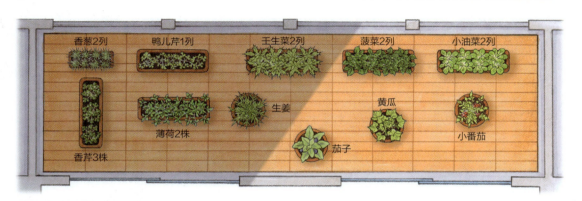

（秋~冬）主题：彩色叶菜类

在阳光充足的地带可栽培色彩鲜艳的蔬菜，如具有白色、黄色、橙色等多彩叶片的甜菜，红色的野草莓及小红萝卜等。在"半日阴"的地带可以栽培小油菜和菠菜，并把播种时间稍微间隔开，以便能长期收获它们。

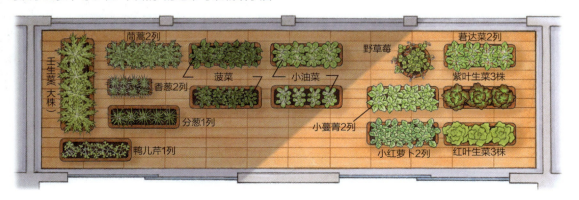

第 2 部分

阳台小菜园的基本操作

芥蓝

只要有这三样东西，就可以栽培蔬菜！

"我想开始栽培蔬菜，但是看起来好像很辛苦。""栽培蔬菜要准备很多东西，这有点儿……"是否有人在这样犹豫呢？其实栽培蔬菜，只要备齐最低限度的3样东西，即栽培箱、培养土、种子或秧苗，就可以了。

用平时栽种花草的花盆作为栽培箱就可以，在里面倒入市售的培养土，撒上种子或者种下秧苗即可栽培。如果是生长快的蔬菜，从种下秧苗起一个月左右就可以收获，如黄瓜和皱叶生菜。小红萝卜也类似，从播种到收获大约需要一个月。

喷壶呢？园艺剪呢？虽然有这些工具会更方便，但没有也没关系，先用家里某些东西代替，然后慢慢补充自己需要的工具就可以了。

当然，因为蔬菜是活的，所以还需要进行浇水等照料工作。为了最终能够收获蔬菜，在栽培过程中确实有很多需要注意的事情，但我们会在栽培过程中渐渐掌握这些事情。不要在一开始就因为"看起来很辛苦"而打退堂鼓，首先试着从备齐栽培箱、培养土、种子或秧苗这3样东西开始吧。

栽培箱

培养土

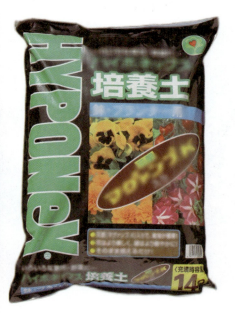

种子或秧苗

合适的栽培箱

所谓栽培箱，就是栽培植物的容器的统称。从材质上来讲，黏土（素陶）和塑料两种材质的栽培箱是最常见的。素陶栽培箱排水和通气性能很好，有益于蔬菜根部生长。但由于渗水快、土壤容易干，所以给蔬菜浇水的次数要相应地增加。有很多样式的素陶栽培箱非常有设计感，但其价格昂贵且容易破碎。

塑料栽培箱的优点是价格便宜且不易碎，缺点是排水和通气性能较差，虽然可以适当减少浇水的次数，但是要注意箱内是否湿度过高。另外，塑料容易导热至箱内土壤，特别是在夏天，这可能会伤及蔬菜根部。至于栽培箱的规格则要根据蔬菜生长时的形状大小来选择。

大型栽培箱

本身能长得很大的果菜类和栽培周期较长的蔬菜，适合使用深度为30cm以上的大型栽培箱。

大型栽培箱
深度为30cm以上，容量为25L以上。

大型圆形栽培箱
深度为30cm以上，容量为20L以上。

标准栽培箱

叶菜类，适合使用深度约为20cm的标准栽培箱。

深度约为20cm，容量约为15L。

小型栽培箱

一年生的草本香草类和小型叶菜类，适合使用小型栽培箱。

深度为15~20cm，容量为10L以下。

大型圆形栽培箱

推荐使用的栽培箱

推荐使用底部有缝隙的塑料材质的栽培箱。缝隙不仅可以提高排水性能，同时可以防止蔬菜根部因晒到太阳而长得过长。有的栽培箱会在缝隙之间设计隔板，用于减少蔬菜根部的盘踞。还有的栽培箱采用双重箱体设计，使箱外的高温难以直接传导至箱内。另外，如右图这种在边缘安装吊臂的设计，可以保证容器挂在支柱上时不易松动。可以在制作藤本支柱或者挂防虫网时，通过栽培箱边缘的孔插入支柱。

素陶材质的大型圆形栽培箱。虽然它非常重，但是有利于蔬菜根部的生长。

31

合适的土壤

大多数情况下，如果在同一块土里连续栽种种类相同或相近的蔬菜，在蔬菜生长过程中就会发生不断恶化的"连作灾害"。如果是在田地里栽种，就必须用"轮作"的方法来处理，即不断更换所栽种的蔬菜种类。但如果是在栽培箱里栽种，就没有必要考虑得太多，只需准备新的土壤就可以解决这一问题。

市售培养土

第一次栽种时，使用市售的原肥培养土会比较方便。购买时要确认培养土是否加了原肥、是否调整了pH值。然后确认所需的土壤量，把袋装土直接放入栽培箱。如果买的是打折出售的产品，土壤中可能含有未成熟的堆肥，若直接使用，会对蔬菜的生长产生不利影响。所以购买时要检查包装袋内侧的水滴是否多、是否有霉味。不过，也可以在培养土便宜的时候多买一些，然后将其放在太阳下晾晒2周左右，等土壤完全熟透后再使用。

自制混合土的方法

如果是蔬菜栽培的"老手"，推荐尝试自己配制混合土。适用于蔬菜栽种的一般配制比例为小粒赤玉土：堆肥：腐叶土：蛭石（珍珠岩）=4：4：1：1，每升土壤中加入3g化肥。为调整土壤酸度，每升土壤中加入3g石灰。

花草、蔬菜适用培养土
与"蔬菜专用培养土"相同，适用于蔬菜栽培。

香草适用培养土
调配土，适用于喜爱干燥环境的香草。

箱底石
为了排出多余水分而铺在箱底。

插芽、播种适用培养土
调配土，适用于插芽和播种。

以这个配方为基础，在不断试错的过程中摸索制作出独家培养土也是一件趣事。若是加入提高通气性和保水性的泥炭苔，土壤酸度就容易增加，所以需要调整酸度。

在托盘里按照小粒赤玉土：堆肥：腐叶土：珍珠岩=4：4：1：1的比例进行配比。

每升土壤中加入化肥和石灰各3g，搅拌均匀。

加水拌匀。水量掌握在捏土的时候：用手指轻轻按一下，土块就能崩掉的分量是最好的。

土壤酸度测定

自制培养土需要进行酸度（pH值）测定。酸度高时，需掺入碱性的石灰进行调整。土壤酸度测定工具包和土壤酸度计，在蔬菜种子市场或大型超市即可买到。

※pH值为7.0表示"中性"。被认定为适合栽培蔬菜的pH值为6.0～6.5，实际上表示"弱酸性"。

适用于几种主要蔬菜的pH值标准

耐/不耐酸	蔬菜种类	适用范围
不耐酸	辣椒、青椒、茄子、葱类、菠菜等	pH值为6.0～7.0
↓	油菜科的叶菜类、芸豆、黄瓜、番茄、生菜等	pH值为5.5～6.5
耐酸	甘薯、土豆、西瓜等	pH值为5.0～5.5

❶ 酸度测定工具包。酸度测定液、比色卡、试管等一应俱全。
❷ 在装有土壤的容器中加入水，充分搅拌。
❸ 静置片刻，待土壤沉淀后，采集上层清澈液体并滴入酸度测定液，充分搅拌。
❹ 待颜色改变后，与比色卡进行对比，记录pH值。
❺ 只要插入土中就能轻松完成测定的土壤酸度计也很方便。

合适的肥料

蔬菜的生长需要三大元素，即氮（N）、磷（P）和钾（K）。氮能促进茎和叶的生长；磷能使花、果实、根更加饱满；钾能促进蔬菜的新陈代谢，使叶和根长得更加壮实。能在掌握蔬菜生长状态的基础上，调配出合适肥料的人属于"种菜高手"。若是种菜新手，则推荐使用全能型混合肥料。若希望享受家庭菜园的一大妙趣——有机栽培，则推荐使用有机肥料。

化成肥料

N、P、K配比清晰明了、异味较少。有缓慢地长时间发挥效果的缓效性肥料，也有马上见效的速效性肥料，以及它们两者结合的混合肥料。肥料的形态有固体和液体两种。本书第3部分和第4部分的内容中实际使用的肥料，是N：P：K＝8：8：8（每100g肥料中含有氮、磷、钾各8g）的固体混合肥料。在蔬菜的生长过程中，每2周追肥1次。

若使用液肥（液体肥料）追肥，则使用频率为1周1次。

有机肥料（土壤改良材料）

有机肥料即以植物等天然材料为原料制成的肥料。由于有机物质是随着微生物的分解而产生效果的，所以该效果缓慢而持久。除氮、磷、钾以外，还含有各种微量元素。但是，堆肥和腐叶土中含有的肥料很少，所以主要用作土壤改良材料。对新手来说，使用合理配比了多种肥料的有机肥料较为方便。

堆肥

堆肥是家畜的粪便或植物等发酵过后的产物。与培养土掺在一起，可使其变得蓬松。但一定要使用充分发酵后的堆肥。

有机石灰

有机石灰通常以贝壳类及贝壳化石为原料，可缓慢地中和酸性土壤。其与培养土进行配比后，可以马上用于播种或种苗。

有机合成肥料、熟化肥料

腐叶土

腐叶土由阔叶树落叶发酵而成，可提高土壤的通气性、保水性和保肥性。

熟化肥料由油渣、米糠、鱼粉等几种有机物质混合发酵而成，成分较均衡。

其他有机肥料

油渣	由植物种子榨油后的渣子制作而成，含有很多氮
米糠	以米糠为原料发酵而成，含有大量磷
鱼粉	由干燥后粉碎成粉末状的鱼制作而成，富含氮和磷
鸡粪	由鸡粪加工而成，含有大量磷和钾，可用于果菜类
牛粪	发酵、熟化后的牛粪，与培养土掺在一起，可成为通气性、保水性、排水性良好的蓬松土壤

※这些有机肥料在使用时必须充分发酵、熟化，否则会伤害蔬菜根部，且肥料发酵时会产生热量和臭味。若所需分量不大，且不希望阳台上充斥着异味，则使用上述的有机合成肥料、熟化肥料较为方便。

轻松制作堆肥的方法

使用家庭厨余垃圾也可轻松制作堆肥。准备一个市售的堆肥容器，将厨余垃圾放入其中，加入米糠等"发酵促进剂"进行充分搅拌后，将容器盖子盖紧，等待其自然发酵。经常打开盖子搅拌一下，若已经完全熟化且没有恼人的异味，即可用作堆肥。市面上也有电动式厨余垃圾处理机，其可以自动加热、搅拌，促进发酵，使用起来较为方便。

❶给容器套上塑料袋，放入厨余垃圾。丢弃的菜叶要尽量剁得碎一些（加快发酵、分解）。

❷尽量减少水分。

❸放入发酵促进剂。

❹为使发酵促进剂掺混到全部的土壤中，要进行充分搅拌。

❺盖上盖子，等待肥料完全熟化。

❻正在发酵的状态。冬天发酵较为缓慢，到了春、夏、秋三季，发酵和分解都比较快。

去园艺店买园艺工具、种子或秧苗吧！

只要备齐栽培箱、培养土、种子或秧苗这3样东西，就可以开始栽种蔬菜了。但是在此基础上，若再使用一些方便的园艺工具，工作效率就会提高，就能更加享受种菜的乐趣。

如果阳台地面是混凝土材料，就预先铺上可以减少阳光反射的木质底台（木板）或砖。这些工具还能起到隔热/隔冷的作用，使混凝土地面的热气和寒气难以传导至栽培箱内的土壤中。另外，喷壶、园艺剪、栽种铲、支柱、引导蔬菜生长的麻绳，也是需要事先准备好的工具。

浇水工具

在打造阳台小菜园时，检查土的干湿程度和浇水是每天必不可少的工作。蔬菜在栽培箱内有限的土壤中生根，在生长期，土壤很容易变干。若是阳台上有屋檐，那么即便在下雨天也不能疏忽浇水工作。

喷壶

喷壶的大小要根据情况而定，选择在装满水搬运时也不会觉得困难的型号即可。壶的筒部越长，水流就越平稳。筒部可以拆卸的喷壶比较容易收纳。

喷雾器

栽种后浇水时，使用喷雾器会很方便。为了方便喷洒药剂、吹跑害虫，最好选择图中这种喷嘴很长、使用时把壶倒过来也没问题的喷雾器。

浇水软管、水管

若阳台上安装了水龙头，可以把软管或水管连接到水龙头以便于浇水。最好选择方便调节喷头水量的类型。

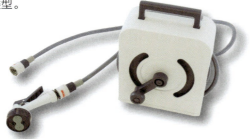

不在家时也能浇水的便利工具

在土壤容易干燥的时期，如果好几天都不在家，此时可以利用一些特殊的浇水工具。图中就是一个例子，先在矿泉水瓶中装入水，然后盖上尖盖，最后倒插入土壤中。尖盖顶端有小孔，可以慢慢地为土壤提供水分。

建议备齐的园艺工具

栽种铲

在栽培箱里填土、挖洞时使用。把手上标有刻度的栽种铲可以方便地测量土壤深度或苗距。

剪刀

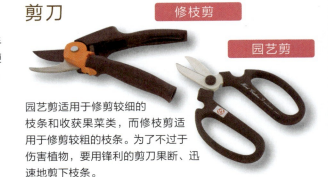

修枝剪

园艺剪

园艺剪适用于修剪较细的枝条和收获果菜类，而修枝剪适用于修剪较粗的枝条。为了不过于伤害植物，要用锋利的剪刀果断、迅速地剪下枝条。

支柱、麻绳

果菜类因其果实的重量会很容易歪倒，所以要使用支柱加固。为了防止爬蔓生长的蔓生蔬菜的茎叶相互缠绕，我们需要对其进行引导。麻绳用于固定支柱，或引导茎叶往支柱上攀爬。

木质底台（木板）

可减弱阳光的反射效果，阻隔混凝土地面产生的热气和寒气。

增加便利性的园艺工具

筒铲

往栽培箱里填土时使用。使用筒铲，往狭缝等狭窄的空间中填土时，土也不会倾洒出来，方便、高效。

小耙子

用于培土、中耕、拔除杂草、收集垃圾等。

筛网

用于筛土，以去除盆底石或垃圾，或筛选不同颗粒的土壤。网眼规格一般有2mm、5mm、7mm等。网眼为2mm和5mm的筛网可用于种子与杂质的分离，网眼为7mm的筛网可用于土壤颗粒的分级。

标签

播种时，在标签上写上蔬菜的名字、品种和播种日期。为避免字迹溶于水，要使用油性笔书写。

托盘

用于掺搅培养土和肥料。

地垫

在工作前铺在地上，可方便收集、打扫工作中产生的垃圾。

防虫网、遮阳网

罩到栽培箱上防止虫子侵入。到了夏天，最好给不耐热的蔬菜撑上黑色的遮阳网，制造"半日阴"的环境。

格子网

引导蔓生蔬菜的茎叶生长。盛夏时将其挂置于靠窗的屋檐下，蔬菜就会生长成一片绿色窗帘。

格子栅栏

紧贴阳台等墙面安装可以减少阳光反射，还可用于引导蔓生蔬菜和果菜类生长。

砖块

把栽培箱放置于砖块上可改善通风条件，也可阻隔地面传导的热量。

栽培箱底台（花台）

用于日照不好的阳台和湿气容易聚集的地方，可以改善栽种环境。

进行大规模作业的时候

即使是在紧邻室内的阳台上进行作业，也要做好防晒工作，预防中暑。皮肤较敏感的人，可穿长袖、长裤，戴上帽子、手套，以充分保护自己。特别是在喷洒药剂的时候，为了防止药剂渗透布料伤害肌肤，请穿有防水性能的衣服（关于喷洒药剂的内容请参照第47页）。

另外，在夏天工作时要特别重视使用防暑用品和防虫用品。

帽子

手套

防暑用品

工作服上装、下装

防虫用品

挑选优质秧苗或种子的方法

选择好的秧苗或种子是栽培蔬菜的关键。即使创造了良好的环境、遵守了正确的栽培方法，但如果秧苗或种子的质量不好，也有可能无法收获令人满意的结果。

分辨优质秧苗的方法

子叶紧实、叶片颜色较深、节间紧凑、整体"有活力"，这些是优质秧苗的特点。相反，叶子黄、有病虫害、根部松动、叶子细长孱弱的秧苗最好不要选。

辣椒

香芹

要栽种会分枝的蔬菜，可选叶片颜色深、节间紧凑的秧苗。要栽种不分枝的直立状蔬菜，可选整体有活力的秧苗。

挑选嫁接苗

嫁接苗是指在抗病虫害能力强的植株枝干上，把能结出美味果实的植株嫁接上去的秧苗。这种秧苗不易生病、较为壮实、收获时间长、收获量较大，但是价格较高。由嫁接苗培养出来、在市面上贩卖的蔬菜有黄瓜、茄子、番茄、青椒等果菜类。

茄子的嫁接苗

仔细观察就可以发现，在秧苗上有嫁接的痕迹（画圈的部分）。

分辨优质种子的方法

首先要避开摆放在被阳光直接照射的货架上的种子。另外，因为种子是袋装销售的，所以无法确认袋内种子的质量，但可以通过包装袋上的信息判断种子是否容易培育。

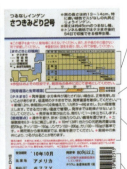

不同地区的栽培日历

发芽适宜温度和生长适宜温度

管理要点

保质期、发芽率等

包装袋信息的确认

包装袋背面标记了各种相关信息，如不同地区的栽培日历以及发芽适宜温度（地面温度）、生长适宜温度、管理要点、发芽率等。

选择适合自己居住的地区、环境、时期的种子。另外，对新手来说，在栽培发芽率低的蔬菜时有些困难。

品种选择的要点

因为栽培箱的空间有限，所以推荐栽种迷你蔬菜品种，如迷你小棠菜、小蔓菁等植株较小的蔬菜，或者小南瓜、小黄瓜（姬黄瓜）等果实较小的蔬菜。

另外，蔬菜的品种可根据栽培时间分为早生、中生、晚生3个品种。早生品种的栽培时间较短，管理起来较为省力，所以推荐用栽培箱栽种。晚生品种的栽培时间较长，费时、费力，但是味道鲜美。中生品种的栽培时间适中，可适应性较好。

附近没有蔬菜种子商店时如何购买种子、秧苗及工具

如果附近没有蔬菜种子商店，那么推荐去网店搜索购买。网店有适合栽种的蔬菜秧苗等商品，我们也可以咨询蔬菜栽种的相关事宜。在居家商品超市会开展相关活动，或者到了春、秋两季的栽种时节，普通超市也会开展相关活动。此外，也可以选择邮购。

邮购时，可先向提供邮购服务的种苗公司要一本商品目录。目录上会列出很多实体店里没有的品种的蔬菜种子或秧苗，光看目录就很开心了。另外，目录上也会对栽培诀窍等进行详细解说，很有参考价值。

我们可以通过附在商品目录上的明信片或传真地址等发送订单，也可以在网上预订。不过，从要求商家寄送商品目录到订购，再到种子、秧苗和相关工具寄到家，这一过程需要一定时间。所以如果想从许多品种中细细挑选的人，要把这些时间算在内，把握好每个步骤的时间，确保可以在适宜的时期开始栽种蔬菜。提前做计划，是"玩转"邮购的诀窍。

用栽培箱种菜，最大的优点之一是不需要像在田地里那样进行培垄等重体力劳动，可以很轻松地进行作业。但因为是在栽培箱内有限的土壤中栽培，土壤容易干，也容易发生肥料供给不足的情况，所以细致地把控给水和施肥的量是很重要的。

栽培箱可以移动也是一个优点。把它放置在日照和通风良好的地方，梅雨季节时把它移动到淋不到雨的地方，到了盛夏，再把它移动到"半日阴"的环境中，如此这般，便可打造出与蔬菜性质相适应的生长环境。

此外还有一个优点，就是我们可以在身边栽培蔬菜。只需从房间移步到阳台就能看到并仔细观察到它们的生长状态。蔬菜在自己的亲手打理下茁壮生长，那么收获时的喜悦也会倍增。

准备栽培箱

要根据蔬菜生长时的大小来准备栽培箱。一般的塑料材质的栽培箱，其深度约为20cm，容量约为15L；大型尺寸的深度约为30cm以上，容量为25L以上；小型尺寸的深度为15cm~20cm，容量为10L以下。

一般的素陶材质的栽培箱，其7号箱的直径为21cm，容量约为3.3L；10~12号箱的直径为30cm~36cm，容量为8.5L~15L。

标准栽培箱　　箱底石

铺设箱底石

为了提高排水性，要先在栽培箱里铺上配套的底网，再在上面铺上箱底石。箱底石用量为能盖住箱底即可，要整理平整。

倒入培养土

倒入培养土

倒入培养土，轻拍栽培箱侧面，让箱壁附着的土都落入箱内，直到土量达到箱子边缘下方2cm左右为止。只要留出2cm左右的箱缘高度，就算浇很多水，箱内的土和水也不会溢出，这个空间叫作"给水空间"。倒入培养土后，需把其表面整理平整。

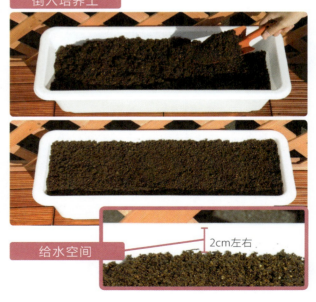

给水空间　　2cm左右

播种

若直接在栽培箱内播种，则小种子按照"线播"、大种子按照"点播"的方式进行撒种。所谓"线播"，就是划出一道（或一条）或者两道沟，把种子撒入沟内，种子间隔约1cm。成熟期植株较大的种一排，紧密相间也不影响生长的就种两排。"点播"是指，对于生长时需要间隔出空间的植株，在播种时挖一个小坑，将种子平铺在内，不要堆叠在一起。

沟和坑的深度根据蔬菜的不同而不同，多数蔬菜需要1cm左右，但茼蒿和鸭儿芹属于"喜光性种子"，埋得太深就不会发芽，所以需要控制在0.5cm~1cm。

在营养钵里播种，要先在里面倒入培养土。

无论哪种情况，为了避免干燥，在种子发芽之前都要用喷雾器等给种子浇水。

线播

营养钵播种

点播

间苗

为了确保能留下优质秧苗，种子的播撒量要稍大一些，而后期的间苗工作也是不可缺少的。

如果是线播，要在种子发芽后，调整较为密集的部分间隔、空出空间来调整株距。也要在培育过程中调整间隔，使其按照适当的株距生长。本书对这一工作进行了简单的量化：播种时，种子间隔约为1cm，第一次间苗时间隔约为3cm，第二次间苗时间隔约为6cm，第三次间苗时间隔约为12cm。

点播也一样，在培育过程中逐渐间苗，最终每个坑里只留下一株秧苗。在营养钵里播种时也要边间苗边培育，移植秧苗前确定出留下的那一株。

要拔除细长孱弱的秧苗、被虫咬了的秧苗、叶片没有光泽的秧苗，留下壮实、有活力的秧苗。

间苗

移植秧苗

首先要按照合适的株距来挖坑。挖好坑后洒水，水渗透之后，把种在营养钵里的秧苗拔出来，移植到栽培箱。注意不要破坏根和土的形状。把秧苗放入坑内，往根部培土，用手轻轻按压，待其根部与坑里的土结为一体，即移植完成。最后用喷壶充分浇水，直到水从栽培箱底部流出为止。

移植秧苗

※ 喷壶的水刚流出来时会稀稀落落地滴进土里，泥土会
飞溅，所以要等它变成淋浴状的柔和水流时再浇。

追肥・培土

在栽培箱里种菜，由于土壤量有限，在每次浇水时，一部分肥料会随着水一起流失，很容易出现肥料不足的情况。所以我们要从秧苗开始生长时起，给它们追加肥料（追肥），以每2周1次为标准，每次追肥约10g（1小把左右，参见右图）。也可以使用能快速生效的液体肥料，按照产品的说明进行稀释，代替浇水（这种情况下追肥为1周1次）。追肥后，为了防止植株倒伏，需要在根部轻轻地培一些土。另外，如果土壤表面变硬，可以用小耙子等工具在植株之间轻轻松土（这就是中耕），让空气进入土壤中。

安装支柱・引导

结果的蔬菜（果菜类）的茎部有时会由于承受不了果实的重量而折断，所以用支柱加固是不可缺少的工作。另外，为了使蔓生蔬菜能够茁壮生长，避免藤蔓相互缠绕或通风不良，需要使用支柱或格子网引导它们生长。

首先在栽培箱里插入几根支柱，用麻绳等固定在一起。固定蔬菜茎部的时候，要先将麻绳绕过蔬菜，然后把绳子相互缠绕起来，拧出一段麻花状的"缓冲区域"，最后将其牢牢系在支柱上。这样做是因为，如果直接让茎部紧贴支柱进行捆绑，那么蔬菜贴合部分在生长时就会受到阻碍或损伤，遇到强风可能会被折断，所以一定要和支柱拉开一段距离。

掐尖・疏果・剪除腋芽

掐尖是指摘除茎的顶端部分（生长点），从而促进腋芽生长。经常掐尖可以使植株长得更加茂盛，有时也通过它来控制植株的高度。

疏果是指趁果实还小的时候，把已经变形的或较小的果实摘下来，让植株把营养供给剩下的"少数精锐"，使它们成为营养丰富、美味可口的果实。

剪除腋芽是指剪除生长在茎和叶的连接处不需要的芽。这是为了避免某些腋芽吸收养分，以及保证植株内部能享有良好的日照和通风条件。

追肥　　培土

中耕

支柱　　引导

掐尖

疏果　　剪除腋芽

收获

小蔓菁、小油菜、小棠菜、菠菜等会因生长时间过长而降低口感的蔬菜，在长到一定程度时需要全部收获，然后我们要为下次的栽培做准备。

为了避免消耗植株营养，对于不断结果的果菜类，以及可以长时间采摘的叶菜类和香草类蔬菜，在每次收获时最好进行追肥。每次使用固体肥料约10g；若使用液体肥料，则按照产品说明稀释后代替浇水。

收获

追肥

浇水的要点

1 浇水的方法

浇水的量要充分：当土壤表面干燥时，浇的水要能够从箱底流出来。有的蔬菜喜欢干燥环境，也有的蔬菜喜欢水分充足的环境，所以要根据蔬菜的"喜好"浇水。茎叶干瘪没有"精神"，是植物缺水的"信号"，所以要注意在植物发出那样的信号之前浇水。

另外，在盛夏的白天浇水时，强烈的阳光会使土壤温度过高，导致植株变弱，所以要在早上或傍晚浇水。如果长时间不下雨，土壤太过干燥，每天早、晚要浇两次水，保证水分充足。

隆冬时节，若在傍晚浇水，到了晚上水就会结冰，所以一定要避免在傍晚浇水，而应在温度相对较高的白天浇水。浇水时应使用预先接好的放置过的水，而不是刚接出来的冷水。

2 好几天不在家时如何浇水

如果你有好几天不在家，作为应急措施，可以在泡沫塑料等大容器里浅浅地倒一些水，然后把栽培箱放入大容器中，让蔬菜从容器中吸水。

另外还可以使用塑料瓶供水。即在瓶盖上用锥子等工具打洞，把水倒进瓶子里，盖上盖子，再倒过来插进土里，让水一点点渗透进去。市面上也有类似的供水用品（参照第35页）贩卖，可以买来使用。

如果长时间不在家，建议使用市售的自动浇水机。只要设置好定时器就能自动浇水，很适合平时较忙的人。

旧土的再次利用

"用栽培箱栽种蔬菜，收获之后培养土该怎么处理？"——很多人有这样的疑问。每次收获之后都把旧土丢掉会有些浪费，所以来尝试一下旧土的重复利用吧。当然，如果直接使用旧土，蔬菜就容易因"连作灾害"而产生病虫害，因为土壤中肥料成分的平衡被打破了，而这时需要处理一下再继续使用。再次使用的时候，首先从容器中取出培养土进行筛分，去除其中的垃圾、根、茎等，并将其与箱底石分开。在筛好的土里加入米糠和油渣，加水搅拌均匀，装入塑料袋密封。在阳光充足的地方放置1~2个月，通过微生物分解其中细小的根，同时通过阳光促进杀菌。

到了下一个栽种季节，在这些土中添加新的培养土和肥料，就可以重复利用了。但是，生病的植株用过的培养土还是不要再次使用了，直接丢掉比较好。

收获并剪下植株后的栽培箱。在下面铺上垫子。

在托盘上筛分旧土。

去除粗茎和根，把土和箱底石分开。

放入米糠、油渣等，其用量掌握在土的10%左右。加入水，直到土壤整体变得湿润，再充分进行搅拌。

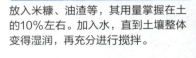 

剩下的细根等将被微生物分解。把土装入塑料袋密封，在阳光充足的地方放置1~2个月。

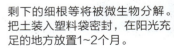 

如何处理废土

如果是带院子的家庭，处理废土时可以把废土撒在院子里或者埋在院子里，但是住在公寓的家庭就不能这么做了。并且，对于生病的植株最好连土一起处理掉，但这种情况下应该怎么处理呢？有很多人都会为这个问题烦恼。

如果把它们当作垃圾扔掉，很难判断到底它们是可燃垃圾还是不可燃垃圾。其实根据地域不同，处理废土的方法也不同。具体情况请向所处地区的垃圾处理部门咨询。

遭遇台风或强风时如何应对

阳台或露台所受到的台风、强风的影响会大于地面的。生菜等有柔软的叶子的蔬菜会被"撕"碎，好不容易开始变红的小番茄可能也会被风刮跑。

比这更糟糕的是，它们还有可能给邻居带来麻烦。当收到台风或强风的预报时，要承担起打理菜园的义务，切实采取下述的应对方法。

1 把吊箱等拆下来放在地上

在晒不到太阳的阳台环境中，为了寻找能晒到太阳的地方，可使用吊箱、挂钩等工具栽种蔬菜。若是如此，强风到来前，应把吊箱从挂钩上拆下来放在地上，以防止吊箱被风刮到楼下砸伤别人，这一点一定要高度注意。

2 把栽培箱绑在栅栏上

如果用小型栽培箱栽种，可以把栽培箱绑在栅栏等固定的物体上，或者统一放置，以防被强风吹跑。如果是大型栽培箱，那么即使风大也不用太担心。但是如果安装了支柱，最好暂时把支柱卸下来。为了不让茎叶因强风而受损，需要把茎叶捆扎起来，待天气渐好后再将支柱放回原位引导茎叶生长。

卸下支柱，把栽培箱绑在栅栏上。

3 把栽培箱搬到室内暂避

若台风来袭，蔬菜好不容易结出的果实可能会被吹掉。在风雨的肆虐下，它们的茎叶会受损，甚至会生病。此时，应把栽培箱搬进室内暂避。为避免弄脏地板，可在室内铺上塑料薄膜，但尽量把它们放在明亮的地方。台风一般1~2天就会过去，所以在室内时不浇水也没关系。台风过去之后再把栽培箱搬到室外，让蔬菜好好通风。

另外，为了防止出现意外情况，重量较轻的栽培箱底台（花台）也要搬进室内，或和栅栏绑在一起。

在台风过去之前，把栽培箱搬进室内的明亮地带暂避。

45

病虫害对策——为了提高收成

即使用栽培箱种菜，防虫也是不可避免的。首先要注意选择健康的、不易感染病虫害的品种的蔬菜培育。用防虫网和捕虫黏纸等工具，在一定程度上也可以防治害虫。因为是我们好不容易打造的家庭菜园，所以不得已时再喷洒药剂。仔细检查植株的状态，尽早采取措施，防止病虫害扩大。

用遮阳网和防虫网罩住栽培箱

遮阳网和防虫网是由化学材料制成的。遮阳网的颜色通常有黑色和白色，其富有透气性、透水性、遮光性，可以防虫、防霜、防风等。防虫网是按照方便罩住栽培箱来制造的，网眼较细，直径常为0.3mm~1mm，可用于防虫。

把遮阳网和防虫网罩在安装了支架的栽培箱上防止虫子"入侵"，即使不使用化学药剂防虫，也能用物理方法在一定程度上防虫。也有适用于栽培箱的支架和防虫网的成套产品，使用起来很方便（参照下图）。

把支架安装在箱子上。

把防虫网罩在上面。

收紧防虫网的拉绳，阻隔害虫入侵。

安装完成。不摘除防虫网也可以浇水。

发现害虫时要立即捕杀

如果发现害虫，不要置之不理，要立即捕杀。毛虫等害虫食欲非常好，有时一晚上就能把整棵蔬菜吃光。此外，可以使用引诱昆虫过来的捕虫黏纸、园艺用诱虫纸等工具驱除害虫。

对蝴蝶、蛾等幼虫，可用小木棍夹起来扔掉。

可用手在叶子上把潜叶蝇碾碎。

可以使用捕虫粘纸捕捉对颜色有反应的害虫。

可以用水喷洒驱赶蚜虫和叶螨。

也可以利用天敌驱除害虫。图片中是蚜虫的天敌——草蛉的卵。

用药剂驱除

在家庭菜园里，应尽量做到无农药栽培。但是在预计会发生病虫害的时候，有必要提前喷洒药剂，防止病虫害扩大。

农药种类有很多，有被认定为毒物和剧毒物的，购买时需要签名。在栽培箱里种菜时主要使用的是杀虫剂和杀菌剂。有粉剂、粒剂、乳剂、水和剂、液剂等种类，在药剂的标签上会明确标注适用的蔬菜、病虫害等信息，可以根据使用目的来选择。

使用药剂时的注意事项

使用药剂时要穿能避免药剂接触皮肤的衣服。工作间隙不要吃东西或吸烟等。最好选择没有风的阴天喷洒药剂，在温度不会太高的早晨进行。使用药剂时注意洗好的衣服不要拿出来晾晒，并且让宠物避开，也要事先通知左右、上下楼层的邻居。为了不让药剂附着在自己身上，要站在上风口向植株喷洒。一定要把药剂用完，不要把剩余药剂倒入下水道或埋在土壤中。

根据农药产品的使用标准，严格按照恰当的使用时期、使用次数、浓度、喷洒量来使用是非常重要的。如果不知道病虫害的名字，不知道选择什么样的药剂，可以咨询各地的农业专业人士等。对于稀释药剂，一般使用喷雾器等喷洒。不过在阳台这一通常较狭小的空间，有时使用便利的气溶胶和手持小型喷雾器就足够了。另外，若不愿意使用化学农药，则建议使用有机的、对人体无害的生物农药等（参照第48页的列表）。

喷洒时应穿的服装

要穿能避免药剂接触皮肤的服装。戴上帽子、塑料或橡胶手套、护目镜和口罩。护目镜和口罩在园艺店就能买到。

药剂稀释方法

药剂的标签上详细标明了使用方法，所以一定要遵守正确的使用方法。

根据使用方法，将药剂加入水中。用胶头滴管等工具仔细确定好用量。

喷洒的方法

害虫多伏在叶子背面。从距离植株20cm左右的地方开始喷洒稀释药剂。瞄准叶子背面，从下面喷洒即可。

利用相生植物

相生植物，是指种在一起时，可以通过相互作用来防治害虫，能相互促进生长的植物组合。

例如，金盏花有抑制线虫的作用，所以常与蔬菜一起栽种。另外，作为相生蔬菜而广为人知的是葱属和瓜科的蔬菜。葱属蔬菜含有可以抗菌和杀菌的物质，可以抑制蔓枯病等土壤传染病。另外，生菜和油菜科蔬菜、番茄和罗勒、甘菊和油菜科蔬菜等也是相生蔬菜。

主要的几种符合有机JAS规格的农药

商品名（药品名）	功能	适用蔬菜／适用害虫
早期安全® （脂肪酸甘油乳剂）	以椰子油为原料。覆盖害虫的表面使其无法呼吸，也可使病原菌孢子无法繁殖。使用后，能在植物体内和土壤中被分解	蔬菜类/蚜虫类、叶螨类、白粉病等
奥莱托®液剂 （油酸钠液剂）	其原料主要用于制作肥皂。除覆盖害虫表面使其无法呼吸外，对草莓的白粉病也有疗效。可使用到收获的前一天	草莓以外的蔬菜类/粉虱类、蚜虫类， 草莓/粉虱类、蚜虫类、白粉病
家庭园艺用 伦特敏®液剂 （香菇菌丝提取物液剂）	主要成分为香菇菌丝提取物，是预防病毒感染的药剂。也可以用于手、剪刀的消毒，对人体和环境的影响很小	黄瓜、辣椒类等/防止感染花叶病
卡利绿剂® （碳酸氢钾水溶剂）	主要成分是碳酸氢钾，对人体几乎无害，主要对白粉病有效	蔬菜类/白粉病、叶锈病、灰霉病， 番茄/白粉病、叶锈病、灰霉病、叶霉病
大理石®乳剂 （密灭汀乳剂）	由微生物制成的杀螨剂。有速效性，对虫卵到成虫都有效果。少量喷洒即可充分发挥作用，分解迅速，对人体和环境无害	茄子/叶螨类、三叶斑潜蝇、粉虱类等， 番茄/潜叶蝇类、番茄刺皮瘿螨类等， 黄瓜/粉虱类、美洲斑潜蝇等
太阳水晶®乳剂 （脂肪酸甘油酯乳剂）	有效成分为食用油脂，对蜜蜂和其天敌的活动影响较小。可使用到收获的前一天	蔬菜类/蚜虫类、粉虱类、叶螨、白粉病等
圣波尔多 （铜水和剂）	主要成分为碱式碳酸铜，是一种可预防由白叶枯病和霉菌引起的担子菌病、霜霉病的杀菌剂。为可湿性粉末，用300~800倍的水稀释后再喷洒	卷心菜、萝卜/霜霉病， 黄瓜/霜霉病、白叶枯病， 茄子/褐色腐败病
G-佳®水和剂 （碳酸氢钠铜水和剂）	对蜜蜂较安全，环保，不大会产生抗药性。可使用到收获的前一天	茄子以外的蔬菜类、豆类、薯类/白锈病、白粉病、软腐病， 茄子/白粉病， 莴苣/腐败病
森塔里®颗粒水和药物 （BT杀虫剂）	对蝶、蛾类幼虫有效。对蜜蜂、天敌昆虫等影响较小，环保	大白菜以外的蔬菜类/小菜蛾、菜青虫、毛虫、棉铃虫、甜菜夜蛾、斜纹夜蛾， 大白菜/小菜蛾、菜青虫、毛虫， 香芹/金凤蝶
命名者® （磷酸铁粒剂）	以面粉等为材料的蛞蝓（鼻涕虫）驱除剂，猫、狗等宠物误食也没关系。耐水，效果可持续2周左右，后面会逐渐被分解后溶于土中	蔬菜类/蛞蝓
黏液君®液剂 （淀粉液剂）	以食品中使用的淀粉为原料的杀虫剂。喷洒时，药剂会覆盖害虫的身体，使其窒息	蔬菜类/蚜虫类、叶螨类， 番茄/烟粉虱类
调和水溶剂 （碳酸氢钠）	原料为使用于食品和药品中的碳酸氢钠。对白粉病和灰霉病有效，较难出现耐药性菌，无气味。可使用到收获的前一天	蔬菜类/灰霉病、白粉病
哈帕®乳剂 （菜籽油乳剂）	有效成分是菜籽油提取物。可预防、治疗白粉病，对叶螨类、蚜虫类也有疗效。可使用到收获的前一天	黄瓜/白粉病、叶螨类， 南瓜、西葫芦/白粉病
博托皮卡®水和剂 （枯草杆菌水和剂）	有效成分来自类似纳豆菌的枯草杆菌，属于微生物杀菌剂，白粉病和灰霉病等病原菌难以寄生。没有使用次数的限制	蔬菜类/灰霉病， 草莓、青椒/白粉病

主要疾病

疾病	蔬菜	症 状
青枯病	茄科蔬菜	整棵植株突然枯萎，无论怎么浇水也无法恢复，叶子依然保持青翠，但植株枯死。如果发生这种病害，请迅速把植株连土一起处理掉
病毒病	所有蔬菜	叶片收缩、出现斑点，或者花和花蕾变小，植株生长受阻，需要将整棵植株处理掉
白粉病	葫芦科、茄科蔬菜等	叶子表面好像覆盖了一层白色粉末，植株生长逐渐变差，若任其发展就会枯死
瘟疫	黄瓜、茄科蔬菜等	蔬菜的茎、叶、果实会出现发亮的褐色病斑，并扩散到整棵植株，在湿度高的环境下容易被感染
枯萎病	所有蔬菜	整棵植株枯萎，叶子从下端开始变黄，与土壤相接的部分变成茶色，并腐烂、枯死，需要连土一起处理掉
蔓枯病	葫芦科蔬菜	蔓部枯萎，叶子从下端开始变色，整棵植株枯死，藤蔓也变为黄绿色，出现斑点和分泌物
软腐病	所有蔬菜	出现病斑，并扩散到整棵植株；植株变软腐败，散发特有的恶臭气味。在高温、多湿的环境中容易发生
灰霉病	所有蔬菜	别名葡萄孢菌病。茎、叶如同溶化一般腐烂，被霉菌覆盖至枯死。在多湿的环境中容易发生
霜霉病	所有蔬菜	叶片上出现黄褐色、多边形的小斑点，很快会扩散到整棵植株。在高温、多湿的环境中容易发生

主要害虫

害虫	蔬菜	症 状
蚜虫	所有蔬菜	身长2mm~4mm，种类很多、繁殖力强，很快就会扩散到植株；它们吸食汁液，传播病毒
瓜叶虫	葫芦科蔬菜	附着在葫芦科蔬菜上，幼虫栖息在土中蚕食根部，成虫会侵食菜叶
椿象	豆科蔬菜等	种类繁多，主要吸食叶子的汁液，它一旦察觉到危险就会散发独特的恶臭，在梅雨季节特别容易出现
金凤蝶幼虫	伞形花科蔬菜	食欲好，吃遍叶子和茎，有时一晚上就能把整棵植株吃成"光杆"
金龟子	所有蔬菜	在土中栖息的白色幼虫会侵食根部，蔬菜眼看着越来越弱；成虫侵食叶片，吃到最后会只剩下叶脉部分
小菜蛾	十字花科蔬菜等	身长5mm~10mm，呈绿色，附着在叶片背面侵食，随着虫体成长，侵食的量也会增加，所以要尽早驱除
缨翅目昆虫	葱、茄子、黄瓜等	别名蓟马，身长1mm~2mm，附着在花和叶上吸食汁液，使花瓣和叶片呈现模糊渐变的颜色，有时也传播病毒
伪瓢虫	茄科蔬菜	虽然属于益虫较多的瓢虫类，但是伪瓢虫身上长有短毛，会侵食蔬菜的新芽和果实
毒蛾类	豆科蔬菜	主要侵食蔬菜叶片。皮肤碰到毒针毛会持续红肿发痒，所以不要用手触摸。被风吹下来的毛也容易黏附在皮肤上
蛞蝓	所有蔬菜	一般在梅雨季节出没。主要在晚上活动，侵食新芽、花、果实等。爬过的痕迹上会蘸有黏液，可作为辨识标志
金花虫	茄科、十字花科蔬菜	身长4mm左右，是小型甲虫，一蹦一蹦地跳。主要侵食叶片，会把蔬菜吃出小孔。有时会爆发性地增加
叶螨	所有蔬菜	身长0.4mm~0.6mm，不仔细看难以辨认。附着在叶片背面吸食汁液，使植株衰弱。在高温、干燥的环境中容易出现
蚱蜢	蕹菜、长蒴黄麻等	侵食新芽，食欲好，放任不管的话蔬菜会受到更大损害，发现后要立即驱除
潜叶蝇	葫芦科蔬菜、小油菜等	也叫画画虫，潜入叶片中糟蹋菜叶。其移动的轨迹会以白色显现在叶片上，所以很容易找到
青虫	十字花科蔬菜	食欲好，会把整片叶子都吃掉。
毛虫	所有蔬菜	身长3cm~4cm的褐色的蛾子幼虫。白天潜入地下，晚上出来活动，所以在太阳下山后检查植株会比较有效

第 3 部分

首先从这种蔬菜开始栽培吧

绝对不会失败的练手对象是这几种！

结合阳台实际情况制订栽培计划，如果需要的工具也已经备齐，基本操作流程也都记住了，那么赶紧走到阳台上，开始栽培蔬菜吧！当你这样想的时候，可能也会有这样的担忧：要是失败的话就太郁闷了；要是种了很长时间，到最后却没有收获，肯定会很沮丧。

那么，笔者就向大家介绍几种能够简单栽培成功的蔬菜。它们就是"樱桃萝卜""皱叶生菜""分葱"。这3种蔬菜从播种、移苗到收获仅需1个月左右，并且在

栽培过程中，间苗时摘下来的菜叶可用来做美味的味噌汤或沙拉，所以不会浪费。另外，这几种蔬菜相比其他种类的蔬菜，抵抗病虫害的能力更强，可以进行无农药栽培。

虽然本章标题写着"绝对不会失败"，但即便失败了也没关系。因为它们是短时间内即可收获的蔬菜，所以可以多挑战几次。那么，现在就来看一下它们各自的栽培方法吧！

樱桃萝卜【二十日萝卜】

十字花科萝卜属

播种后1个月左右即可收获

樱桃萝卜的原产地是欧洲，明治时代传入日本。正如"二十日萝卜"这一别名，它在播种后1个月左右就可以收获，所以非常适合作为入门阶段的栽培蔬菜。萝卜根的颜色除有人们熟悉的红色以外，还有白色、粉色、红白相间的颜色等。它的形状也不全都是圆形的，也有近似椭圆的，还有细根形等多种形状。多选几种一起栽种也非常有趣。

如果要保存收获后的萝卜，需要摘除叶子再放进冰箱。它可用作沙拉、凉拌菜、酱菜等，生吃也非常美味。叶子留下，可以用香油炒着吃，也可以作为味噌汤的配料。樱桃萝卜中含有淀粉酶。

¹ 准备栽培箱

最好使用园艺店中常见的标准栽培箱来栽培，其容量约为15L，能装下1袋市售的13L~14L的家庭菜园用培养土。

在倒入培养土前请先看一下栽培箱底部，栽培箱左边或右边会有漏水孔，孔内有堵塞用的塞子，如果堵住孔了就会积水，所以要把塞子取下来。把配套的箱底网放入箱底，在上面铺上箱底石，石头的量为能盖住底部即可。

要点！！

想要增加收获量，或者想长时间收获，就多准备几个栽培箱，依次间隔10天播种。

在石头上面倒入培养土。不要挤压培养土，要轻拍箱子侧壁，一边倒培养土一边让它们渐渐沉积在箱底。

约2cm

要点！！

从箱子边缘向下，预留出约2cm的"给水空间"。

² 播种

樱桃萝卜的发芽适宜温度为15℃~25℃，生长适宜温度为15℃~20℃。因为它喜爱凉爽的气候，所以推荐春播或秋播。但其实除了盛夏和隆冬，基本上一年四季都可以栽种。

准备一根笔直的小棒子，用它在栽培箱表层的土上压出两道1cm左右深的沟，沟间隔为10cm~15cm。

要点！！

在棒子的两端和中间均匀使力，可以保证沟的深度统一。

在沟中撒入种子，间隔为1cm。撒完后，用手指从两侧捏合盖住种子，然后用手轻轻按压。

充分浇水，直到水从栽培箱底部流出。如果土壤在种子发芽前变干的话种子就会死亡，所以在发芽之前请悉心照料，不要让土壤变干。

3 挂置防虫网

虽然这种蔬菜对病虫害的抵抗力较强，但是在温暖的季节里，小菜蛾和粉蝶会来产卵。如果你不想使用农药，想种出无污染的蔬菜，可以用遮阳网或防虫网来对害虫进行"物理防御"（挂置方法参照第46页）。在没有虫子的时期，不挂网也能进行无农药栽培。

※下文中的图片里的蔬菜均为不挂网时的状态。

要点！！
这是叶片被小菜蛾侵食的蔬菜的状态。用网把虫子的入侵路径"堵死"吧。

4 间苗、培土①

发芽且叶子展开的情况下，约间隔3cm进行间苗。留下长势旺盛的秧苗，而尽量选择生长缓慢的秧苗，或者子叶变形、变色的秧苗进行拔除。

间苗后，为留下的秧苗从左右两侧往根部培土，防止秧苗倒下。

5 间苗、培土②以及追肥

这是第一次间苗后过了1周的样子。可以看到已经长出了2~3片叶子，根也开始变得粗壮了。

长出2~3片叶子之后，约间隔6cm再次进行间苗。间苗之后，将10g固体化肥均匀撒在土上，从秧苗的左右两侧往根部培土。在这个节点再次进行间苗，根会长得更加粗壮。

6 浇水

如果生长环境持续处于过湿状态，秧苗的生长情况就会变差。所以要等表面的土干了之后再充分浇水。

7 生长的样子

这是第二次间苗后过了1周的样子。虽然它们参差不齐，但生长良好的植株根部已经长大到了这种程度。

最后收获。用过的旧土，可以参照第44页的方法进行重复利用。

8 收获

播种后27~30日，叶子长到5~6片，根的直径长到2cm~3cm就可以收获了，这个时候的樱桃萝卜是最好吃的。如果收获迟了，根会长得过于肥大，表面会裂开，果实内部也会裂开，所以不要错过最佳收获期。

把根还小的植株留下，稍微追肥（5g左右）。

主要的病虫害和防治方法

因为它容易引来小菜蛾，可以用按1：1000或1：2000稀释的塔罗®流动CT（BT水和剂）进行喷洒。如果要防治蚜虫，就使用按1：100稀释的奥莱托®液剂（油酸钠液剂）进行喷洒。夏天要保证通风良好，可将其放置在"半日阴"的环境中预防疾病。

数据

日照条件：阳光充足

培养土：市场上销售的蔬菜专用培养土

浇水：等土壤表面干了之后再充分浇水

施肥：第二次间苗后，追肥10g

栽培箱条件：深度为20cm左右的标准栽培箱

特含营养成分：钾、维生素B、维生素C、叶酸、膳食纤维

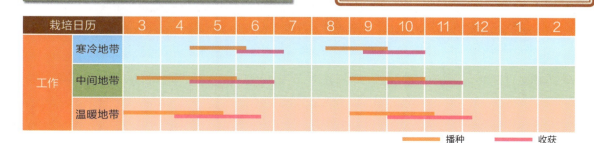

栽培日历		3	4	5	6	7	8	9	10	11	12	1	2
工作	寒冷地带												
	中间地带												
	温暖地带												

播种　　收获

皱叶生菜【莴苣】

菊科莴苣属

因为它喜欢凉爽的气候，所以要避开在盛夏时栽培它

绿裙生菜

红裙生菜

生菜类蔬菜的原产地是地中海沿岸-西亚。已经确认在公元前4500年，埃及的壁画上已经画着野生的生菜了。

球状的生菜、非球状的皱叶生菜、直立生长的生菜、可食用茎部的生菜这4类生菜中，比较耐高温的皱叶生菜相对适合食用。但是由于生菜类蔬菜具有容易"开花"的性质——就是在光照时间较长的条件下会长出花芽，所以白天正常光照，晚上要放在没有亮光的地方。如果长出了花芽，生菜的味道就会变差。

除了做成沙拉生吃，用生菜做炒饭等也很好吃。球状生菜的营养价值相对较低，而红皱叶生菜和裙生菜等皱叶生菜中含有丰富的β-胡萝卜素和钾。

 1 准备栽培箱

因为生菜不会长得很大，所以用标准栽培箱就可以。准备栽培箱时可按照和樱桃萝卜相同的要领进行（参照第53页）。

²2 播种

生菜类蔬菜的生长适宜温度为15℃~20℃。因为它们喜欢凉爽的气候，所以推荐春播和秋播，但是皱叶生菜其实比较耐高温。

准备一个底部扁平的杯子，在土层表面制造几个深度为0.5cm~1cm的凹槽，间隔为20cm。

在每个凹槽中播种7粒，之后盖上土，用手轻轻按压。注意不要把土盖得太厚。

充分浇水，直到水从栽培箱底部流出。如果土壤变干，种子就会死亡，所以在发芽之前要在阴凉的地方进行照料，不要让土壤变干。

要点！！

生菜类蔬菜的种子具有"喜光性"，所以发芽时需要有光。要注意的是，如果凹槽过深，可能会导致种子不发芽。

³3 挂置防虫网

虽然不用太担心有病虫害，但有时也会有蚜虫。如果蚜虫钻进收缩的叶片里，药剂也很难喷洒到，所以推荐罩上遮阳网或防虫网进行栽培。因为是主要用于做沙拉的蔬菜，所以尽量进行无农药栽培。在没有虫子的时期，不挂网也能进行无农药栽培。

※下文中图片里的蔬菜均为不挂网时的状态。

⁴4 间苗、培土①

在发芽且子叶展开的情况下，留下3棵长势旺盛的秧苗，尽量拔除生长缓慢的秧苗，或者子叶变形、变色的秧苗。

第一次

间苗后，为留下的秧苗从左右两侧往根部培土。要等土壤表层干了之后再充分浇水。秧苗期要在阳光充足和通风良好的地方栽种。

5 间苗、培土②和③

结合蔬菜长势，在它们长出3~4片叶子之后间苗，最后留下两棵秧苗。长出5~6片叶子之后再次间苗，最后留下一棵秧苗。和第一次间苗一样，留下那些长势良好的秧苗。

第二次

第三次

间苗时拔除的秧苗，就当作沙拉的原料。注意间苗后要培土。

6 追肥

在其生长到7cm~8cm时要追肥，将10g固体化肥均匀撒在土上。追肥时要避开叶子，撒在根部土壤上。

以后每2周追肥一次，化肥同量。

7 生长的样子（红裙生菜）

播种后约1周	播种后约4周	播种后约6周	播种后约10周	播种后约12周
第一次间苗、培土后。	第二次间苗、培土后。	第三次间苗、培土后。	追肥两次之后。	最佳收获时期。

58

叶子长到25cm左右即可从根部切割收获。

娃娃叶

若留下外层叶片，从最中间开始只收割需要的部分，就可以在一段时间内都享受收获的乐趣。

收获的"秧苗"叶子叫作"娃娃叶"。在栽培箱中倒入培养土，撒上种子，轻轻覆盖一层土，用手轻轻按压，充分浇水。待其发芽、展开子叶后进行间苗，苗和苗间隔为3cm左右，施加固体化肥约10g。待其生长到10cm左右，一次只收割需要的量。收割之后，为了让它们继续生长，要进行追肥。

主要的病虫害和防治方法

虽然不用太担心会发生病虫害，但因为它是主要用来生吃的蔬菜，栽培时应尽可能地不使用农药。可在安装支柱上挂上遮阳网、防虫网，用物理方法来抵御害虫的侵袭。如果发生了病虫害，为了避免其向周围扩散，要立即连根拔除掉。

数据

日照条件：阳光充足但不曝晒

培养土：市场上销售的蔬菜专用培养土

浇水：等土壤表面干了之后再充分浇水，避免过干和过湿

施肥：叶子长到7cm~8cm时，追肥10g

栽培箱条件：深度为20cm左右的标准栽培箱

特含营养成分：β-胡萝卜素、钾、膳食纤维

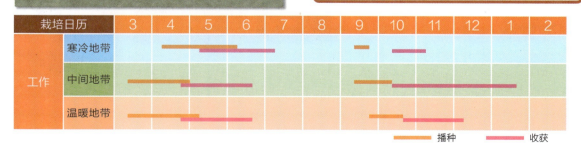

栽培日历		3	4	5	6	7	8	9	10	11	12	1	2
工作	寒冷地带		播种/收获					播种	收获				
	中间地带	播种/收获						播种/收获					
	温暖地带	播种/收获						播种	收获				

播种　　收获

分葱【红葱头】

百合科葱属

从秋天到春天可以反复收获

分葱的原产地为希腊，据说在约1500年前从中国传入日本，是大葱和香葱的杂交品种。分葱的叶子比大葱的更柔软，气味也更柔和。其常常被误认为大葱，但栽培时并不是像大葱一样播撒种子，而是从栽种球根开始。但因其不耐低温，所以在高寒地带和关东以北的寒冷地带较难栽培。

其叶子除用作乌冬面、荞麦面、味噌汤等的配料之外，与其他食材一起凉拌也很美味。分葱是一种富含β–胡萝卜素和维生素C的黄绿色蔬菜。

 准备栽培箱

分葱长势良好时也不会横向扩张，所以选择标准栽培箱即可。在箱底铺上箱底石，能盖住箱底即可，然后倒入培养土。工作要领与樱桃萝卜的相同（参照第53页）。

 种下球根

在培养土中约间隔20cm挖出小坑，小坑深度为5cm左右，在每个坑里栽种两瓣球根。之后盖上土，只露出尖端部分（叶子从尖端部分生长出来），用手轻轻按压。

剥去球根的外皮，逐瓣分开。

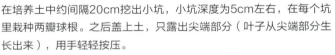

充分浇水，直到水从栽培箱底部流出。要在日照和通风条件良好的地方照料。若土壤表层变干，则要充分浇水。

要点！！
拨开土壤，让尖端部分露出来。

3 追肥

从种下球根之后1个月左右，叶片生长出来之后，将10g固体化肥均匀撒在土上。

之后每2周追肥一次，化肥同量。

4 收获

葱叶长到20cm~30cm时收割，剪下离土壤表面3cm~4cm以上的部分即可。6月左右挖出球根，保存在阴凉、通风的地方，可在适宜的时期再次栽种。

20~30天后，葱叶会再次生长出来，可以反复收获。为促进其生长，要进行追肥。

数据

日照条件：阳光充足

培养土：市场上销售的蔬菜专用培养土

浇水：等土壤表面干了之后再充分浇水

施肥：栽种之后1个月左右施加化肥10g；之后每2周追肥一次，化肥同量

栽培箱条件：深度为20cm左右的标准栽培箱

特含营养成分：β-胡萝卜素、膳食纤维、维生素C、铁、钾、硫化丙烯

主要的病虫害和防治方法

在气温约15℃、多雨的时节易发生霜霉病。喷洒百菌清的1000倍稀释液即可防治。有时会引来葱叶潜叶蝇或葱叶蓟马等害虫，可使用啶虫脒进行防除。

栽培日历		3	4	5	6	7	8	9	10	11	12	1	2
工作	寒冷地带												
	中间地带							※夏季栽种后，会在秋季或来年春季收获					
	温暖地带												

栽种　　　收获

可以在厨房里轻松培育的蔬菜

芽苗类蔬菜

芽苗类蔬菜指的是像萝卜苗一样的"可食用芽苗部的蔬菜"。把叶菜类等蔬菜的种子放置在阴暗的地方，待其发芽后给予光照进行培育，采摘变绿的子叶部分食用。

不使用土壤，只使用水和陶粒（用于水耕的人工发泡石）等即可进行培育，很卫生。把它们放在厨房的一角，看着蔬菜生长也是一种享受。其播种后1

周左右就能收获，省心、省力，营养价值高。如果使用富有设计感的容器，它也可以成为赏心悦目的室内装饰品。

另外，为了防止生病，一般销售的蔬菜的种子有时会被涂上杀菌剂，所以一定要购买专门用来培育芽苗类蔬菜或豆芽的种子。

要准备的东西 ● ● ●

- 种子
- 宽口容器
- 陶粒
- 喷雾器
- 铝箔纸
- 滤茶网（用于排水）

萝卜苗种子

将种子放入容器，能盖住容器底部即可。

注入4~5倍或以上的水。如果有漂浮起来的种子或垃圾，将其捞出扔掉。

隔天，用滤茶网滤出种子，倒掉容器中的水。

用干净的水漂洗种子。

漂洗容器，之后放入陶粒，其厚度为1cm。

用喷雾器将陶粒全部打湿。

把漂洗过的种子均匀地撒在陶粒上，堆叠在一起。

用铝箔纸从上下两个方向包裹住容器，完全遮光。之后每天早、晚两次用喷雾器向内喷水。
胚轴发芽之后取下铝箔纸，放在日光下进行培育。在收获之前，不要忘记每天早、晚喷两次水。

第2天	第3天	第4天	第6天	第8~10天
种子吸水一晚上之后的状态。	种子开始发芽了。	发芽，胚轴开始生长。	胚轴长到一定长度之后，拆下铝箔纸，使其接受光照，让叶片变绿。	收获。

可以使用自己喜欢的器皿来培育，同时它还可成为室内装饰。

芽苗类蔬菜的种类

芽苗类蔬菜可以用来点缀沙拉和汤，它的种类很丰富，如下图。除此之外，还有胡椒草、芥末、豆苗等。

紫卷心菜
胚轴呈淡紫色，很美丽，可用于丰富沙拉的色彩，没有难以下咽的味道。

西蓝花
含有丰富的萝卜硫素，含量大约是西蓝花花苞的8倍。

芽葱
恰到好处的葱香，软嫩可口。发芽部位靠下方，收割后也会继续生长。

荞麦
如果被光照射，胚轴会变红。含有花青素和芦丁，营养价值高。

豆芽

豆芽也是"可食用芽苗部的蔬菜"之一，但它不同于芽苗类蔬菜的地方是，从发芽到收获，不用照射阳光即可培育。豆子含有很多维生素和矿物质，培育成豆芽后，其中的维生素C含量也会增加。脆脆的口感是其特色，可以用于炒菜、烧汤、做沙拉、做凉拌菜等。从栽种到收获只需要7~10天，在厨房也能轻松培育出来，任何季节都能培育是它的一大魅力。

要准备的东西 ● ● ●

- ● 种子
- ● 宽口容器
- ● 纱布
- ● 橡皮筋
- ● 铝箔纸

绿豆种子

将种子放入容器中，注入5倍以上的水。

用纱布绷住瓶口，用橡皮筋固定。

第1天和第2天的状态相比，第2天的水呈现出了淡黄色。如果水不新鲜，豆子就会腐烂，所以要勤换水。

利用纱布滤出水，无须取下。然后再次注入水，摇晃容器进行清洁，反复进行2~3次。

用铝箔纸从上下两个方向包裹住容器，完全遮光。

若铝箔纸上有洞就会漏光，豆芽便会变绿，所以需要严密包裹。

第1天
刚刚注入水的状态。

第2天
吸水之后，种子稍稍膨胀的状态。

第3天
种子开始发芽了。

第4天
胚轴开始生长。

第6天
胚轴明显生长，根也开始生长了。

第8天
可以收获了。

7~10天即可收获，其量是种子的10倍之多。

豆芽的种类

用豆类和谷类种子可培育豆芽，只要保证一天浇两次水，即可在短期内轻松收获。

从左到右依次是小芸豆、红小豆、豇豆培育出来的豆芽。比起红小豆，豇豆的豆芽颜色更加鲜艳。各种豆子和豆芽的特征比较，请参照右方图片。

小芸豆的豆芽生长较快，4~5天就能收获。其含有丰富的维生素、矿物质、膳食纤维。

红小豆的豆芽散发着微甜的香气。把培育出的豆芽放入热水中，很快就会熟透，吃起来更加方便。

豇豆的豆芽的特点是较为粗壮。其味道可口，无论制作成沙拉还是凉拌菜都很好吃。

自然的清凉——绿色窗帘

在盛夏，苦瓜、龙豆、豇豆等蔓生蔬菜依然能够生机勃勃地生长。充分利用这些蔓生蔬菜来制造一片天然的绿色窗帘吧，方法十分简单。

5~6月，在有阳光直射的阳台上放置大型栽培箱，每个箱里栽种两棵秧苗。之后只需配合蔬菜的长势进行追肥，同时使用绑成格子状的支柱，或者从屋檐垂下来的格子网来引导藤蔓攀爬即可。到了盛夏，它们会变成覆盖住整个窗户的绿色窗帘。但因为这期间很热，蔬菜需要大量吸水，所以注意不要断水。这片绿色窗帘不仅让人感到清爽，而且有数据说明它能够降低室内温度。在凉爽的房间里，望着随风摇曳的叶子和花朵，享受着这片绿色窗帘带给人的"自然的清凉"，期待着最后的收获的喜悦，愉快地度过夏天吧。

※栽培方法参照第4部分。

藤蔓被引导到格子网上的苦瓜秧苗。

叶子姿态"柔美"的苦瓜。在夏天，其会越长越繁茂，可以遮挡住强烈的阳光。

豆类蔓生蔬菜的花朵也有很高的观赏价值。左侧的照片是龙豆。藤蔓性生长的芸豆和豇豆同样可以用来制造绿色窗帘。

把格子网沿着栅栏铺设开，蔬菜攀爬生长后就会成为夏天保护隐私的隔断。右侧的照片是苦瓜。

第 4 部分

可以在栽培箱里培育的
蔬菜目录

小番茄【红茄子】茄科茄属

数据 ★ ★ ☆

培养土：市售蔬菜专用培养土

浇水：土壤表面变干后要充分浇水

施肥：第一穗果膨大之后，施加化肥10g；之后每2周追肥一次，化肥同量

栽培箱条件：深度为30cm左右的大型栽培箱

特含营养成分：钾、番茄红素、β－胡萝卜素、维生素C、膳食纤维（果胶）

番茄的原产地是南美安第斯山脉的高原地带，17世纪左右从欧洲传入日本。虽然它有大约8000个品种，但是适合用栽培箱培育的还是小番茄。

番茄可以用来做沙拉，或者用热水烫掉表皮，用于汤和炖菜中。番茄富含维生素、矿物质、膳食纤维等，是一种营养价值很高的蔬菜。

因其比较喜欢凉爽、干燥的环境，所以不适合在高温、潮湿的环境中生长，特别是在梅雨季节它会很容易生病。最好在阳光充足、通风良好的屋檐下进行照料。栽种时要选择茎叶颜色较深、节间紧实健壮的秧苗，栽种在大型栽培箱中后，将其引导到临时支柱上。土壤表面变干后要充分浇水。待其根生长牢固之后，就将其引导至正式支柱上。如果出现腋芽，要立即摘除。第一穗果开始膨大后，施加10g化肥，之后每2周追肥一次。收获时要先收红色、熟透的果实。

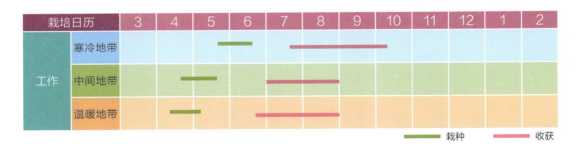

栽培日历		3	4	5	6	7	8	9	10	11	12	1	2
工作	寒冷地带												
	中间地带												
	温暖地带												

栽种　　收获

栽种 · · ·

1 在大型栽培箱（图片中为圆形栽培箱）里铺上箱底石，倒入培养土。

2 挖一个坑，往坑里注水。

3 水渗透土壤后，把秧苗放入挖的坑里，盖上土，轻轻按压。

安装临时支柱 · · ·

第3条茎

双叶

第2条茎 第1条茎

4 在秧苗旁边插上临时支柱，用麻绳等引导其"攀爬路径"。

5 将麻绳绕过蔬菜，然后把绳子相互缠绕，拧出一段麻花状的"缓冲区域"，最后将其牢牢系在临时支柱上。麻绳不要绕在主枝上，要绕在第2、第3粗壮的副枝（复叶的叶柄）上。

6 充分浇水，直到水从箱底流出。

摘除腋芽❶···

小技巧 8

把腋芽全部摘除。

7　栽种后约1~2周，根已经牢固地扎进土壤，植株开始生长。

8　把在叶子根部生长茂盛的腋芽全部摘除，只留下一棵主枝进行培育。

9　通过摘除腋芽，防止植株的营养分散，改善植株内部的光照和通风条件。每周采摘一次腋芽即可。

安装正式支柱···

10　将3根长度为2m左右的支柱，贴着栽培箱的边缘插到土壤中。使用图片中的"组合支柱"会比较方便。

11　把茎向着支柱方向引导，系上绳子扭几次后，将绳子牢固地系在支柱上。

人工授粉 • • •

在气温还没有上升得太高的时候，第一花房开始开花。如果不让花朵授粉，那么叶子产生的养料就不会传导至果实，而开始回流，导致只有叶子和茎部生长。为了防止发生这种情况，一定要确保让第一花房结出果实。

'12 将市售的生长剂喷在整个花房上。

'13 也可以用手指轻拍花朵，使其授粉。

追肥 • • •

当第一穗果（第一花房的果实）膨大时，将10g化肥均匀撒在土壤表层，轻轻往根部培土。第三花房的果实开始膨大时，进行第二次追肥。之后根据植株的生长情况，每2周追肥一次，化肥分量相同。

开始膨大的第一穗果

摘除腋芽 ❷ • • •

在植株生长过程中，其腋芽也会旺盛生长，所以要全部摘除。　这也是腋芽，需要摘除。

引导 • • •

*17 因为茎部会长得很高，为了防止被果实压折，需要勤加引导。

*18 绕麻绳的地方，选择"花朵下方的枝叶"下面，或选择"花朵上方的枝叶"上面。

'17

绕在"花朵下方的枝叶"下面

'18

绕在"花朵上方的枝叶"上面

• • • 第 一 花 房 生 长 的 样 子 • • •

授粉

第 5 天

第 15 天

第 25 天

第 30 天

第 35 天

第 45 天

收获 • • •

19

栽种之后的40~45天，果实开始变色。先收获那些鲜红、熟透的果实。

20

用剪刀从凹陷部分剪掉。如果果实太熟，果皮就会像图片中某些果子一样裂开，所以要采摘得勤一些。

21

收获之后进行追肥。

22

因为果实是从下方的穗果开始依次成熟，所以收获时或是逐个采摘，或是整枝采摘。

主要的病虫害和防治方法

该植株在梅雨季节容易生病，据称其容易感染20种以上的疾病。出现病症之后，使用按1：300至1：600稀释的圣波尔多（铜水和剂），或按1：1000稀释的百菌清进行喷洒，以治愈相关病症。感染以蚜虫为媒介传播的疾病较多，所以要使用按1：100稀释的奥莱托®液剂（油酸钠液剂），或者按1：2000稀释的马拉松乳剂进行喷洒，用以防治疾病。

黄瓜【胡瓜】葫芦科甜瓜属

数据 ★★☆

培养土：市售蔬菜专用培养土

浇水：土壤表面变干后要充分浇水，盛夏时注意不要断水

施肥：1个月施加10g化肥2~3次

栽培箱条件：深度为30cm左右的大型栽培箱

特含营养成分：钾、瓜氨酸、β-胡萝卜素、维生素C

安装支柱，引导藤蔓生长

黄瓜植株上生长着雄花和雌花，为一年生草本植物。为了使其藤蔓茁壮生长，安装支柱是不可缺少的工作。市售的黄瓜秧苗有自然发育的天然苗和嫁接苗。嫁接苗虽然价格高，但是抗病性强、不易生病，适合新手栽种。

黄瓜果实的95%以上是水分，虽说含有β-胡萝卜素和维生素C等，但量较少。与其说我们可通过它摄取营养，倒不如说我们可享受其用作沙拉、咸菜等配菜时的脆生口感。

在大型栽培箱里种上长着3~4片绿叶的秧苗，在与秧苗稍稍隔开的地方安装一个临时支柱。等藤蔓长长后再安装正式支柱进行引导，打理过程中要时常掐尖，并注意通风。因其株苗较弱小，所以到了盛夏要特别注意不要断水。开始结瓜之后，1个月进行2~3次追肥，防止植株因负担过重而导致瓜变形。采摘第一批果实时，要采2~3个较嫩的瓜，以防过度消耗植株营养。之后的瓜，待其长到18cm~20cm即可采摘。

栽培日历		3	4	5	6	7	8	9	10	11	12	1	2
工作	寒冷地带												
	中间地带												
	温暖地带												

栽种　　收获

栽种● ●

1　在大型栽培箱（图片中为圆形栽培箱）里铺上箱底石，倒入培养土。

2　挖一个坑，往坑里注水。

3　水渗透土壤后，把秧苗放入挖的坑里，盖上土，轻轻按压。

安装临时支柱●● ●

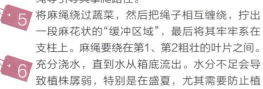

4　在与秧苗稍稍隔开的地方插上临时支柱，用麻绳等引导其攀爬路径。

5　将麻绳绕过蔬菜，然后把绳子相互缠绕，拧出一段麻花状的"缓冲区域"，最后将其牢牢系在支柱上。麻绳要绕在第1、第2粗壮的叶片之间。

6　充分浇水，直到水从箱底流出。水分不足会导致植株孱弱，特别是在盛夏，尤其需要防止植株断水。

安装正式支柱 • • •

7 藤蔓开始生长之后，将3根长度为2m左右的支柱，贴着栽培箱的边缘插到土壤中，将支柱的上部系到一起。

8 选取茎部的两处地方，从叶柄下方用麻绳向着支柱方向引导植株。系上绳子扭几次后，将绳子牢固地系在支柱上。与临时支柱一样，茎和支柱之间一定要设置"缓冲区域"，否则强风来袭时茎会被折断，而系得太紧又会妨碍植株生长。

疏果 · 掐尖 • • •

小技巧 **9**

小技巧 **10**

12

11

9 植株尚且较"年轻"，所以第一批果实长到15cm左右时即可采摘2~3个，防止植株负担过重。对于果实上有刺的品种，采摘时最好握住其最上端。

10 为了巩固植株，要把下数5节的腋芽全部摘除，这样对植株内部通风也有好处。

11 第6节以上的腋芽也摘除，只保留1~2节的腋芽。

12 主藤生长到支柱的高度后，为了增加藤蔓的数量，要把顶端的芽摘下来。

追肥•••

为了不出现缺肥现象，1个月需追肥2~3次（10~15天1次）。将10g化肥均匀撒在土壤表层，轻轻往根部培土。缺肥会引起果实变形。

牵拉下来的地方

引导•••

14 因为藤蔓长得快，所以需要勤引导。

15 如果没有可供藤蔓攀爬的东西，藤蔓就会向下牵拉。这时需要在牵拉下来的藤蔓下面，选择几处支点用麻绳进行引导。

收获•••

栽种之后30天左右即可开始正式收获，收获的最佳时期是开花之后的1周左右。从凹陷的部分用剪刀将果实剪下。如果采摘太晚，果实就会像丝瓜一样膨胀变大，味道也会变差。所以在果实长到18cm~20cm时，就开始勤加采摘吧。

收获后进行追肥。

主要的病虫害和防治方法

要注意使叶片出现黄斑的霜霉病和出现白色粉末的白粉病。发生霜霉病时，使用按1：1000稀释的百菌清进行喷洒。发生白粉病时，使用按1：2000至1：4000稀释的莫尔斯坦进行喷洒。出现蚜虫时，使用按1：100稀释的奥莱托®液剂（油酸钠液剂），或者按1：2000稀释的马拉松乳剂进行喷洒。出现瓜叶虫时，使用按1：1000稀释的马拉松乳剂进行驱除。

茄子【茄子】茄科茄属

数据 ★★★

培养土：市售蔬菜专用培养土

浇水：土壤表面变干后要充分浇水，注意不要断水

施肥：结出第一个果实之后施加化肥10g；之后每2周追肥一次，化肥同量

栽培箱条件：深度为30cm左右的大型栽培箱

特含营养成分：钾、膳食纤维、色素茄苷、多酚（绿原酸）

安装支柱引导生长，支柱数量为3根

一般认为茄子的原产地为印度，奈良时代从中国传入日本。茄子的品种很多，除中长茄子、长茄子、圆茄子、美国茄子以外，还有各种各样的地方品种。

茄子的烹调方法多种多样，可用作煎烤、天妇罗、素炸、炒菜等。茄子的表皮中含有叫"色素茄甙"的色素，属于花青素的一种。

茄子喜爱高温，生长适宜温度为28℃~30℃，秧苗栽种要等气温充分上升之后再进行。在大型栽培箱里栽种秧苗，然后将秧苗引导到临时支柱上，在阳光充足和通风良好的地方进行培育，土壤表面变干后要充分浇水。待其长出花蕾，只留下主枝和主枝下面的两根腋芽，其他腋芽全部摘除，并安装正式支柱进行引导。结出第一个果实之后，为了不让植株负担过重，要在果实未成熟之前摘除，并施加化肥10g。之后每2周追肥一次，化肥同量，并按照果实成熟的顺序采摘。过了7月下旬，果实的质量就会下降，所以要进行修枝，以收获秋茄子。

栽培日历		3	4	5	6	7	8	9	10	11	12	1	2
工作	寒冷地带			栽种	收获								
	中间地带		栽种		收获								
	温暖地带			栽种	收获								

■ 栽种　　■ 收获

栽种·安装支柱•••

在大型栽培箱（图片中为圆形栽培箱）里铺上箱底石，倒入培养土。挖一个坑，往坑里注水。

水渗透土壤后，把秧苗放入挖的坑里，盖上土，轻轻按压。在秧苗旁边插上支柱，用麻绳进行引导。麻绳要缠绕在第2、第3片叶子之间。之后充分浇水，直到水从箱底流出。

疏果·追肥•••

整枝•••

植株开始生长后，留下主枝和第一朵花下面的两个腋芽（图中用手指着的枝条），然后把下面的腋芽全部摘除，只培育剩下的3根枝条。

4 结出第一个果实之后，为了不让植株负担过重，要在果实未成熟之前摘除，并施加化肥10g。左下角的图片是未受精的"石茄子"，永远长不大。在第一个果实是石茄子的情况下，如果不使用生长剂，就会出现只长藤叶而不长果实的情况（参照第73页的"人工授粉"）。

5 看花就能知道植株的生长状态。如图所示，雌蕊比雄蕊长得长时，说明植株生长良好，需要继续悉心照料。如果雄蕊比较长，或者花朵掉落，说明缺肥或缺水。

主要的病虫害和防治方法

要注意蚜虫和毛虫。出现蚜虫时，使用按1:100稀释的奥莱托®液剂（油酸钠液剂），或者按1:2000稀释的马拉松乳剂进行喷洒。出现毛虫或伪瓢虫类时，使用按1:1000稀释的敌百虫进行喷洒。另外，若在傍晚向叶片背面大量喷水，会产生防治叶螨和蚜虫的效果。

6 开花之后20~25天，按照顺序依次收获鲜嫩的果实。

青椒【甜椒】茄科辣椒属

数据 ★ ★ ☆

培养土：市售蔬菜专用培养土

浇水：土壤表面变干后要充分浇水

施肥：结出第一个果实之后施加化肥10g；之后每2周追肥一次，化肥同量

栽培箱条件：深度为30cm左右的大型栽培箱

特含营养成分：维生素C、维生素E、β-胡萝卜素、膳食纤维

安装支柱引导生长，防止植株倒伏

青椒是在其果实还未熟透时收获的，会有独特的苦味。而呈红色、橙色、黄色、紫色等的辣椒（也称彩椒）是在熟透后才收获的，其香味和口味都很温和。

青椒可用于青椒肉丝等炒菜，或将肉馅装入其中进行烹饪。天妇罗、沙拉等菜肴也可使用青椒，其食用方法多种多样。青椒富含β-胡萝卜素和维生素C，即使做菜加热时也不易流失，特别是维生素C。另外，彩椒的β-胡萝卜素含量是青椒的3倍左右。

青椒生长适宜温度为28℃~30℃，较耐高温，从初夏到秋天可以长时间不断收获。在大型栽培箱里栽种秧苗，然后将秧苗引导到临时支柱上，在阳光充足和通风良好的地方进行培育，土壤表面变干后要充分浇水。待其结出第一个果实，只留下主枝和主枝下面的两根腋芽，其他腋芽全部摘除，并安装正式支柱进行引导。结出第一个果实之后，为了不让植株负担过重，要在果实未成熟之前摘除，并施加化肥10g。之后每2周追肥一次，化肥同量，并按照果实成熟的顺序采摘。

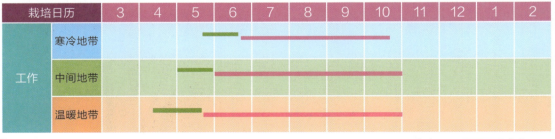

栽培日历	3	4	5	6	7	8	9	10	11	12	1	2
工作 / 寒冷地带												
工作 / 中间地带												
工作 / 温暖地带												

栽种　　收获

栽种 • • •

1 在大型栽培箱里铺上箱底石，倒入培养土。间隔40cm左右挖两个坑，往坑里注水。

2 水渗透土壤后，把秧苗放入挖的坑里，盖上土，轻轻按压。

安装临时支柱 • • •

3 在秧苗旁边插上临时支柱，用麻绳进行引导。

4 麻绳要缠绕在距离根部10cm左右的位置。

5 充分浇水，直到水从箱底流出。

83

整枝•••

第一个果实　　侧枝

侧枝　　主枝

整枝前

整枝后

6

7

当第一朵花开放之后结出小小的果实时，留下主枝和第一个果实下面的两个腋芽，然后把其余腋芽全部摘除，只培育剩下的3根枝条。

这样做可防止植株营养分散，植株内部的日照和通风条件也会变好。多余的腋芽要勤加摘除。

安装正式支柱•••

8

9

8 整枝之后，用1m左右的支柱垂直插到土壤中，引导植株生长。

9 麻绳要缠绕在剩余的侧枝下面。

疏果·追肥•••

结出第一个果实之后，为了不让植株过度消耗营养，要在果实未成熟之前摘除，并施加化肥10g。之后每2周追肥一次，化肥同量。

收获 •••

11 开花之后15~20天即可收获。结果较多时需要尽早收获，否则会过度消耗植株。

12 用剪刀从梗将果实剪下。其茎部容易折断，所以一定要使用剪刀。

主要的病虫害和防治方法

它有时会患上以蚜虫为媒介的花叶病或黄斑病，所以注意防治蚜虫是很重要的。出现蚜虫或叶螨时，可用按1∶2000稀释的马拉松乳剂或按1∶100稀释的黏液君®液剂（淀粉液剂）进行喷洒。另外，它还可能会招来侵食果实和茎部的烟夜蛾类以及吸食汁液的蓟马类害虫。如果不想使用农药除虫，可使用遮阳网或防虫网进行物理防御。

成熟变红的果实，甜味更浓。

彩椒的一种。

辣椒【番椒】茄科辣椒属

不辣的万愿寺辣椒

数据 ★★☆

培养土：市售蔬菜专用培养土

浇水：土壤表面变干后要充分浇水，注意不要断水

施肥：结出第一个果实之后施加化肥10g；之后每2周追肥一次，化肥同量

栽培箱条件：深度为30cm左右的大型栽培箱

特含营养成分：β-胡萝卜素、维生素C、维生素E、膳食纤维、辣椒素

若水分、肥料不充足，会因应激反应而变辣

辣椒原产地为热带美洲，据说在16世纪左右传入日本。灯笼椒是辣味较少的小果种，收获的是尚未完全成熟变红的果实。

剔除辣椒里面的种子，切成圆片，可用作调味料。它含有辛辣成分——辣椒素。灯笼椒的辣味较少，裹上面粉做成天妇罗或直接烹炸都很好吃。

辣椒生长适宜温度为28℃~30℃。秧苗遇到低温不能茁壮生长，所以要等气温适宜的时候再栽种，这是很重要的。在大型栽培箱里栽种秧苗，然后将秧苗引导到临时支柱上，在阳光充足和通风良好的地方进行培育，土壤表面变干后要充分浇水。栽种之后2周左右，摘除从根部到其以上约10cm范围内的腋芽和枯叶，以改善植株的通风条件。之后安装正式支柱，结合植株生长情况进行引导。

结出果实后施加化肥10g，之后每2周追肥一次，化肥同量。对于青辣椒要待其果实成熟变红才收获，对于灯笼椒要待其果实长到5cm~6cm才收获。

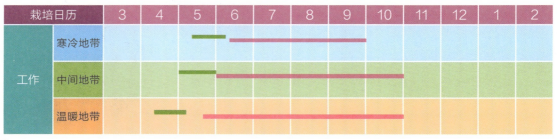

栽培日历	3	4	5	6	7	8	9	10	11	12	1	2
寒冷地带			栽种	收获								
中间地带			栽种	收获								
温暖地带		栽种	收获									

工作

■ 栽种　■ 收获

1

在大型栽培箱里铺上箱底石，倒入培养土。间隔30cm左右挖两个坑，往坑里注水。

2

水渗透土壤后，把秧苗放入挖的坑里，盖上土，轻轻按压。在秧苗旁边插上临时支柱。

3

充分浇水，直到水从箱底流出。

追肥•••

4

小技巧

5

6

开始结果之后，为了防止出现缺肥的情况，需要每2周追肥10g。

4 与栽种青椒一样，在结出第一个果实后，只留下主枝和第一个果实下面的两个腋芽进行培育，摘除从根部到其以上约10cm范围内的腋芽和枯叶。另外，如果同一个坑中长出两株苗，可在适当时拔除一株，或不拔除，同时培育两株（参照上图）。

5 整枝之后，用1m左右的支柱垂直插到土壤中，引导植株生长。摘除腋芽和引导的工作需要结合植株生长状态进行。
引导时使用的麻绳要缠绕在距离根部20cm左右的位置。

主要的病虫害和防治方法

虽然是一种病虫害较少的蔬菜，但若担心蚜虫来袭，可使用按1：100稀释的奥莱托®液剂（油酸钠液剂）进行喷洒。若在茎叶部出现像附着白色粉末一样的白粉病，可使用按1：800至1：1000稀释的卡利绿剂®（碳酸氢钾水溶剂）进行防治。

7

青辣椒在开花之后20天左右即可收获。待其长到40天左右时会完全成熟变红，要从梗用剪刀将果实剪下。收获的成熟果实可放在干燥的地方晾干。

苦瓜【凉瓜】葫芦科苦瓜属

数据 ★★☆

培养土：市售蔬菜专用培养土

浇水：土壤表面变干后要充分浇水

施肥：结果之后施加化肥10g；之后每2周追肥一次，化肥同量

栽培箱条件：深度为30cm左右的大型栽培箱

特含营养成分：维生素C、膳食纤维、β-胡萝卜素、钾、苦瓜素

疏于照看也能茁壮生长，可成为遮阳窗帘

苦瓜，在日本俗称蔓荔枝，在冲绳称为gooyaa。苦瓜原产地为热带亚洲，多在冲绳和九州地区栽种。苦瓜形态多样，将其和豆腐、猪肉等一起炒是家常做法，用开水焯一下做成沙拉也很好吃。

苦味的来源是苦瓜素，它能促进胃液的分泌。苦瓜的病虫害较少，即使疏于照看也能茁壮生长。在大型栽培箱里栽种秧苗，在阳光充足和通风良好的地方进行培育，土壤表面变干后要充分浇水。到了夏天容易缺水，若植株出现枯萎、烧叶的情况，果实的质量就会下降，所以更要注意不要断水。结果实之后每2周追肥10g。结合植株的生长状况进行引导，在地表等出现藤蔓相互缠绕的地方进行修剪，改善通风条件。开花后20天左右即可趁其鲜嫩时收获，收获量为每株10~15根。

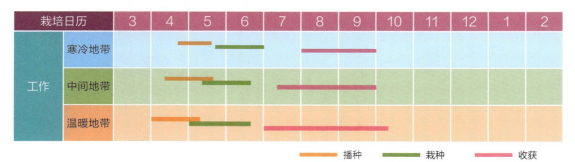

栽培日历	3	4	5	6	7	8	9	10	11	12	1	2
工作 寒冷地带		播种	栽种			收获						
中间地带		播种	栽种		收获							
温暖地带	播种		栽种		收获							

播种 　栽种 　收获

栽种·安装支柱···

麻绳要绕在距离根部10cm左右的位置

准备大型栽培箱，倒入培养土。间隔30cm~40cm挖两个坑，栽入秧苗。在秧苗旁边插上临时支柱，用麻绳绕过秧苗，制造一段"缓冲区域"，系在临时支柱上。充分浇水，直到水从箱底流出。

藤蔓开始生长之后，将3根长度为2m左右的支柱插入土壤中，再横着系上一根短的支柱，将藤蔓引导到支柱上。之后要结合植株的生长状况进行引导。

整枝·引导···

3 若茎叶挤在一起生长，则剪除根部上方20cm范围内的副藤和腋芽，以改善植株的日照和通风条件。

4 植株的触须卷缠到了支柱上。若藤蔓生长过盛，开始向下耷拉，这时需要在耷拉下来的藤蔓下面，选择几处支点用麻绳进行引导。

人工授粉·追肥···

小技巧

雄花

雌花

5 结果较少时，可在晴天的上午9点之前进行人工授粉。并且，植株在幼时只会开雄花，而雌花会伴随着植株生长而开放。开始结果之后，为了防止出现缺肥的情况，需要每2周追肥10g。

收获···

开花之后20天左右即可趁其鲜嫩时收获。

熟透之后，果实表皮就会裂开。种子周围会出现红色的果冻状物质，可以食用，很甜。

主要的病虫害和防治方法

虽然是一种病虫害较少的蔬菜，但有时也会招来蚜虫。出现蚜虫时，可用奥莱托®液剂（油酸钠液剂）或马拉松乳剂按照规定进行稀释喷洒。

迷你南瓜【南瓜】 葫芦科南瓜属

数据 ★ ★ ★

培养土：市售蔬菜专用培养土

浇水：土壤表面变干后要充分浇水

施肥：结出果实后施加化肥10g；之后每2周追肥一次，化肥同量

栽培箱条件：深度为30cm左右的大型栽培箱

特含营养成分：β–胡萝卜素、维生素E、维生素C、钾、膳食纤维

采用灯笼式立体支柱栽种

南瓜的原产地为美洲大陆，是会同时开雄花和雌花的一年生草本植物。南瓜的品种多种多样，在日本有西洋南瓜、日本南瓜、北瓜等。但适合栽培箱栽种的是西洋南瓜中果实如手掌般大小的500g~600g的迷你南瓜。

若喜欢其软绵的口感，推荐将其用于炖菜或面条中。其用来制作南瓜派等点心或浓汤也很美味。南瓜富含可以转化成维生素A的β–胡萝卜素，维生素C的含量也很高。

南瓜对病虫害的抵抗力较强，容易培育。在大型栽培箱里种上长着4~5片叶子的秧苗，放到日照良好的地方培育。在栽培箱中立上灯笼状的支柱用以引导植株生长。对藤叶挤在一起的部分进行修剪，以改善通风条件。土壤表面变干后要充分浇水。结出果实后施加化肥10g，之后每2周追加一次，化肥同量。开花之后进行人工授粉，开花之后30~40天，果实的蒂部呈软

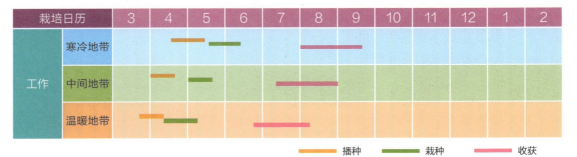

栽培日历		3	4	5	6	7	8	9	10	11	12	1	2
工作	寒冷地带		播种	栽种			收获						
	中间地带		播种	栽种		收获							
	温暖地带	播种	栽种			收获							

播种　　栽种　　收获

育苗・栽种・・・

1

在直径为12cm的营养钵中倒入培养土，撒下两粒种子。

2

双叶长开之后，留下长势较好的一棵，用剪刀剪下另一棵。

3

长了4~5片叶子之后将其移植到大型栽培箱中。

4

在大型栽培箱（图片中为圆形栽培箱）里铺上箱底石，倒入培养土。

安装支柱・・・

5

挖一个坑，往坑里注水。水渗透土壤后，把秧苗放入挖的坑里，盖上土，轻轻按压。

6

充分浇水，直到水从箱底流出。

7

秧苗开始生长后就安装支柱。因为南瓜的茎叶长得很大，所以不是立3根支柱，而是立4根支柱，采用灯笼式立体支柱进行引导。

8

在栽培箱的4个角上安装支柱，用铁丝（麻绳也可以）间隔20cm~30cm分几段进行缠绕。

9

把藤蔓引导到支柱上。

引导·整枝···

因为藤蔓生长较快，所以需要经常引导。另外，茎叶挤在一起时，要剪去根附近的藤蔓和枯叶，保证光照和通风良好。

栽种后约20天

栽种后约30天

人工授粉···

11 雌花开后，在晴天的上午9点前进行人工授粉。植株较"年轻"时只会开雄花，但在生长过程中会开雌花。

12 摘去雄花，去除花瓣，取出雄蕊。在雌花上用雄蕊摩擦雌蕊的柱头。

13 为了清晰明了地讲解，这里剪下了雌花的一部分。

小技巧 11

雄花

雌花

雌花花瓣下面的部分会鼓起来

12

13

追肥 •••

结出果实后追肥10g，之后每2周追肥一次，化肥同量。但植株若摄入过多的氮，会发生只有叶子长得茂盛的现象，所以当叶子颜色变深时要控制肥料用量。

'14

••• 果实的生长 •••

马上就要开放的雄花花蕾

开花之后长了7天的果实

开花之后长了15天的果实

开花之后长了30天的果实

收获 •••

开花后的30~40天内，如果蒂部裂开变成软木状，就是收获的最佳时期。用剪子将其从蒂部剪下即可。收获后如果再放置几天，让果实更加成熟一些，它就会变得更加香甜可口。

主要的病虫害和防治方法

该植株对病虫害的抵抗力较强，但有时会发生白粉病。发病时需用按1：800至1：1000稀释的卡利绿剂®（碳酸氢钾水溶剂）或按1：800稀释的百菌清进行喷洒。有时会出现蚜虫或叶螨，发现之后要立即捕杀，或喷洒按1：100稀释的黏液君®液剂（淀粉液剂）进行防治。

15

西葫芦【美洲南瓜】 葫芦科南瓜属

数据　★ ★ ☆

培养土：市售蔬菜专用培养土
浇水：土壤表面变干后要充分浇水
施肥：结出果实后施加化肥10g；之后每2周追肥一次，化肥同量
栽培箱条件：深度为30cm左右的大型栽培箱
特含营养成分：钾、镁、β-胡萝卜素、维生素C

因生长时向四面扩展，所以要先确定放置地点

西葫芦外形酷似黄瓜，原产于北美西部到墨西哥地带。西葫芦品种多样，果皮呈绿色或黄色，形状还有可爱的圆形。除了可用于意大利菜中的蔬菜杂烩，也可用于意大利面、汤、天妇罗。西葫芦富含β-胡萝卜素、钾、镁等营养成分，热量低。

在大型栽培箱里种下长着2~3片叶子的秧苗。其茎叶会呈放射状生长，其直径可能会达到80cm~100cm，所以每个箱子里种1棵足矣。放到日照和通风良好的地方培育，土壤表面变干后要充分浇水。盛夏持续干燥时，注意不要断水。结出果实后施加化肥10g，之后每2周追一次，化肥同量。开始开花时，如果气温较低、雨水较多，则需要进行人工授粉以促进果实生长。气温上升后，昆虫就会频繁活动，植株得以自然授粉。开花4~10天之后，果实长到20cm~25cm时即可收获。

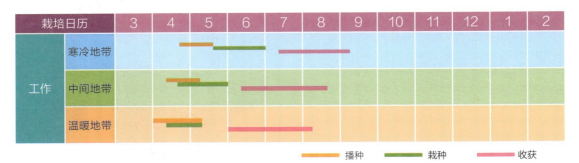

栽培日历		3	4	5	6	7	8	9	10	11	12	1	2
工作	寒冷地带		播种	栽种		收获							
	中间地带		播种	栽种	收获								
	温暖地带		播种		收获								

播种　栽种　收获

栽种···

1

在大型栽培箱里铺上箱底石，倒入培养土。挖一个坑，往坑里注水。水渗透土壤后，把秧苗放入挖的坑里，盖上土，轻轻按压。充分浇水，直到水从底部流出。

追肥·人工授粉···

3

结出果实后施加化肥10g，之后每2周追加一次，化肥同量。若果实结得不多，可以按照和迷你南瓜相同的要领进行人工授粉。

挂置防虫网···

小技巧

2

其在秧苗期时受瓜叶虫的侵害较大，这时使用防虫网对其进行保护会非常有效。下图为被咬食侵害的秧苗和被防虫网保护2周后的秧苗的对比。

雄花

雌花

被咬食侵害的秧苗

被防虫网保护2周后的秧苗

收获···

4

未能授粉而枯萎的雌花

开花后4~10天即收获的最佳时期。果实长度超过25cm就会变硬，需尽早收获。另外，花蕾和刚开的花朵也是美味的食物。

主要的病虫害和防治方法

它容易招来蚜虫，发现之后需立即捕杀，或喷洒按1：100稀释的奥莱托®液剂（油酸钠液剂）。通风不好的话其容易患上白粉病，要喷洒按1：1000稀释的百菌清进行防治。西葫芦的叶子上有时会长出特有的白色斑点，可能会被误认为白粉病，需注意甄别。用手指触摸叶片，若有白色粉末状物质，即白粉病。

芜菁【蔓菁】十字花科芸薹属

数据 ★ ★ ☆

培养土：市售蔬菜专用培养土

浇水：土壤表面变干后要充分浇水

施肥：长出3~4片叶子后，施加化肥10g；
间苗后进行追肥，化肥同量

栽培箱条件：深度为20cm左右的标准栽
培箱

根：钾、维生素C、膳食纤维、淀粉酶

叶：维生素、钙、铁、膳食纤维

播种后45~50天即可收获

芜菁的原产地为地中海沿岸地区、中亚地区，在日本的历史也很悠久，据说在绳文时代就出现了。芜菁品种繁多，除以其形态为大、中、小进行分类之外，各地区的特有品种也很丰富。芜菁适合使用栽培箱栽种，播种后45~50天即可收获。

其根部除可用于咸菜、沙拉、腌菜之外，还可用于炖菜、煮汤。其叶子可以用于酱菜、香油炒菜，以及味噌汤配料等，富含矿物质和维生素。

芜菁生长适宜温度为15℃~20℃，适合春、秋播种。因其具有直根性，移植后根会变形，所以栽培要从播种开始。在标准栽培箱中挖两道沟，撒上种子，种子发芽之前要悉心浇水，避免土壤干燥。双叶张开之后进行第一次间苗，间隔为3cm。土壤表层变干后要充分浇水。随着植株生长进行第二次、第三次间苗，间隔分别为6cm、12cm。第二次间苗后每次施加化肥10g并培土。根部直径长到5cm左右时，就开始收获。

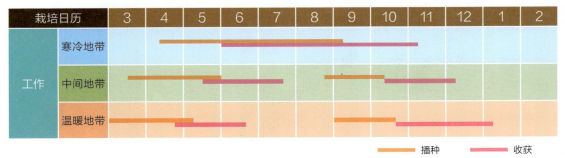

栽培日历		3	4	5	6	7	8	9	10	11	12	1	2
工作	寒冷地带												
	中间地带												
	温暖地带												

播种　　　收获

播种・・・

1

在标准栽培箱里铺上箱底石，倒入培养土。挖两道深度为1cm的沟，间隔为15cm。在沟中每隔1cm撒下种子，然后从两侧向沟中轻轻培土。充分浇水，直到水从箱底流出。

间苗・追肥・培土・・・

2

 第一次  第二次

第三次

间苗时拔除的秧苗可用作汤的食材，其味道鲜美。

双叶张开之后进行第一次间苗，间隔为3cm。待植株长出3~4片叶子后进行第二次间苗，间隔为6cm。待植株长出5~6片叶子后进行第三次间苗，间隔为12cm。如果错过了最佳时期，根部就不会长大，所以要注意时机。从第二次间苗后，每次都要将10g化肥均匀撒在土上并培土。

收获・・・

小技巧
3

根部直径为5cm左右便是收获的良机。如果收割晚了，土壤中的水分会发生急剧增长等变化，于是其表皮和内部的生长平衡就会崩溃，根部就会裂开，所以要注意（但是即使裂开了也能食用）。

主要的病虫害和防治方法

它容易引来青虫和小菜蛾，可喷洒按1：1000至1：2000稀释的塔罗®流动CT（BT水和剂）进行驱除。若不想使用农药，可使用遮阳网和防虫网进行物理防御。

 秋播

 春播

无农药栽培的芜菁。若秋播则其遭遇的害虫较少，推荐在秋天播种。

甘蓝 【羽衣甘蓝】 十字花科芸薹属

数据 ★★☆

培养土：市售蔬菜专用培养土

浇水：土壤表面变干后要充分浇水

施肥：定植后，长出6~7片叶子时施加化肥10g；之后每2周追肥一次，化肥同量

栽培箱条件：深度为30cm以上的大型栽培箱

特含营养成分：维生素C、β-胡萝卜素、维生素B群、维生素U、维生素K、钙、钾、膳食纤维、褪黑素

从长大的外层叶片依次收获

甘蓝的原产地为地中海沿岸，是近似于卷心菜的一种蔬菜。据说在意大利人们从2000年前就开始食用它，江户时代传入日本。

甘蓝除了用于制作青汁，烹炒也很好吃，煮过之后苦味会变淡，更加容易入口。

甘蓝的生长适宜温度为20℃左右。春播和夏播都可以，但若春播蔬菜在夏天生长时容易引来虫子，所以建议新手采取夏播秋收。在直径为9cm的营养钵中撒4粒种子，悉心浇水，到发芽之前保证土壤不干燥。

双叶展开后进行间苗，留下3株进行培育。叶子长到2~3片时再次间苗，留下2株进行培育，一直培育到叶子长到4~5片。发芽后，在土壤表层干燥时充分浇水。将留下的2株定植到大型栽培箱中，放到日照和通风良好的地方培育。叶子长到6~7片时进行最后一次间苗，留下1株进行培育，并施加化肥10g。之后每2周追肥一次，化肥同量。叶子长到30cm左右时，从外层叶片开始向内依次收获。

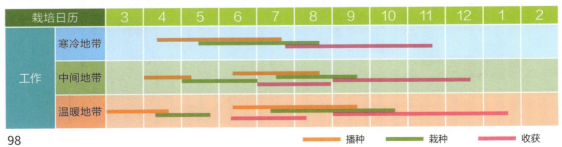

栽培日历		3	4	5	6	7	8	9	10	11	12	1	2
工作	寒冷地带												
	中间地带												
	温暖地带												

▬ 播种 ▬ 栽种 ▬ 收获

育苗 •••

在直径为9cm的营养钵中倒入培养土，挖4个小坑，深度约与手指第一关节的长度相同，撒入种子。双叶展开后进行间苗，留下3株进行培育。叶子长到2~3片时再次间苗，留下2株进行培育，一直培育到叶子长到4~5片。

栽种 •••

2 叶子长到4~5片时为最佳栽种时期。

3 在大型栽培箱里铺上箱底石，倒入培养土。将留下的2株秧苗从营养钵中拔出，间隔40cm种到栽培箱中。充分浇水，直到水从箱底流出。

间苗·追肥 •••

小技巧

4 叶子长到6~7片时，留下长势较好的那一株进行培育，剪除另一株。剪下的秧苗也可食用。

5 最后一次间苗后施加化肥10g，之后每2周追肥一次，化肥同量。

收获 •••

叶子长到30cm左右时，从外层叶片开始向内依次收获。收获之后要少量追肥。

主要的病虫害和防治方法

要注意防治青虫、小菜蛾、蚜虫等害虫。出现青虫和小菜蛾时，喷洒按1：1000至1：2000稀释的塔罗®流动CT（BT水和剂）。出现蚜虫时，喷洒按1：100稀释的奥莱托®液剂（油酸钠液剂）。也可以使用防虫网或遮阳网进行物理防御。

喷洒BT水和剂时要把蔬菜里里外外都喷洒到。

99

抱子甘蓝 十字花科芸薹属

数据 ★★★

培养土：市售蔬菜专用培养土

浇水：土壤表面变干后要充分浇水

施肥：栽种之后3周左右施加化肥10g；之后每2周追肥一次，化肥同量

栽培箱条件：深度为30cm以上的大型栽培箱

特含营养成分：维生素C、叶酸、维生素U、钾、钙

培育粗壮的茎部很重要

抱子甘蓝是卷心菜的变种，形状如迷你卷心菜一般的50~60个腋芽，密密麻麻地生长在抱子甘蓝植株茎部，外形非常独特。收获抱子甘蓝时要逐个采摘。

抱子甘蓝常用于炖菜中，将其做成炒菜、蒸菜、沙拉也很好吃。抱子甘蓝营养丰富，特别是富含维生素C，据说其含量是普通卷心菜的3倍。

抱子甘蓝的生长适宜温度为13℃~15℃。在直径为9cm的营养钵中撒入5~6粒种子，双叶展开之后间苗至3株，长出2片叶子后间苗至2株，长出3~4片叶子后留下长势较好的一株，拔除另一株。长出5~6片叶子后，将植株定植在大型栽培箱中，在日照和通风良好的地方培育。若从秧苗开始培育，则要选择叶子颜色深、节间紧实的植株。土壤表面变干后要充分浇水。定植3周后施加化肥10g，之后每2周追肥一次，化肥同量。茎上开始长腋芽时，从植株下方向上依次采摘叶子，留下最上方约10片的叶子。腋芽从下向上依次成熟，直径长到2cm~3cm即可收获。

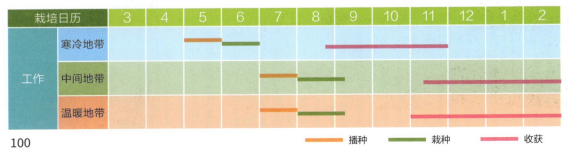

栽培日历		3	4	5	6	7	8	9	10	11	12	1	2
工作	寒冷地带												
	中间地带												
	温暖地带												

播种　　栽种　　收获

栽种 •••

育苗的步骤参考甘蓝（第99页的"育苗"）。在大型栽培箱里铺上箱底石，倒入培养土。挖一个坑，往坑里注水。水渗透土壤后，把秧苗放入挖的坑里，盖上土，轻轻按压。充分浇水，直到水从箱底流出。

追肥 •••

栽种后1周

栽种后3周

栽种3周后施加化肥10g，之后每2周追肥一次，化肥同量。要注意的是，如果缺肥，便无法生长出优质卷心菜（腋芽）。

安装支柱 •••

3

摘除下方叶子 •••

腋芽生长的样子

茎会生长得很高，为了防止其在大风时倒伏，最好安装支柱加固。

小技巧 4

开始长出腋芽后，从植株下方依次采摘叶子，从而促进腋芽结球。最后留下最上方约10片的叶子。

主要的病虫害和防治方法

要注意防治青虫、小菜蛾、蚜虫等害虫。出现青虫和小菜蛾时，喷洒按1：1000至1：2000稀释的塔罗®流动CT（BT水和剂）。出现蚜虫时，喷洒按1：100稀释的奥莱托®液剂（油酸钠液剂）。也可以使用防虫网或遮阳网进行物理防御。

收获 •••

5

形状如迷你卷心菜的腋芽，待其直径长到2cm~3cm，即收获的良机。用剪刀从下往上依次剪下长大的腋芽。

101

绿卷心菜 十字花科芸薹属

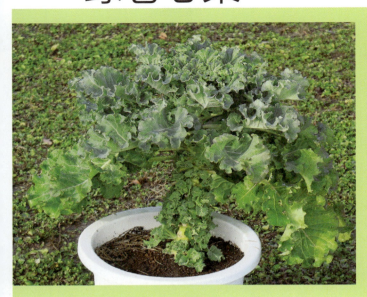

数据 ★★★

培养土：市售蔬菜专用培养土

浇水：土壤表面变干后要充分浇水

施肥：栽种3周之后施加化肥10g；之后每2周追肥一次，化肥同量

栽培箱条件：深度为30cm以上的大型栽培箱

特含营养成分：维生素C、β-胡萝卜素、维生素B群、维生素U、维生素K、钙、维生素E、钾、膳食纤维

在腋芽均衡生长的基础上采摘上方叶子

绿卷心菜是日本静冈县种苗公司在2003年用抱子甘蓝和甘蓝创造的杂交品种。该品种不结球，叶子像甘蓝一样散开，粗壮的茎上像抱子甘蓝一样会长出很多腋芽。

绿卷心菜含糖量高，苦味少，煮1~2min之后做成沙拉很好吃。绿卷心菜也可以用来做凉菜、炒菜、炖菜等。大如甘蓝的叶子也可用于制作青汁。绿卷心菜中的钙、维生素E、β-胡萝卜素等的含量特别高，是营养价值很高的蔬菜。

要在大型栽培箱里栽种绿卷心菜，在日照和通风良好的地方培育。土壤表面变干后要充分浇水。栽种3周之后施加化肥约10g，之后每2周追肥一次，化肥同量。因其叶子会大面积铺展，所以需要安装支柱防止植株倒伏。茎上开始长腋芽时，从植株下方依次采摘叶子，留下最上方约10片的叶子，以方便植株将养分输送到腋芽。腋芽直径长到4cm~5cm，即可从下方开始依次收获。叶柄长得过长的腋芽需要采摘。

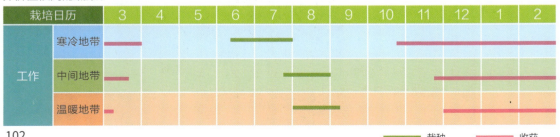

栽培日历		3	4	5	6	7	8	9	10	11	12	1	2
工作	寒冷地带	▬			▬	▬				▬	▬	▬	▬
	中间地带	▬				▬	▬			▬	▬	▬	▬
	温暖地带	▬					▬			▬	▬	▬	▬

▬ 栽种　　▬ 收获

栽种 •••

秧苗

在大型栽培箱里铺上箱底石，倒入培养土。挖一个坑，往坑里注水。水渗透土壤后，把秧苗放入挖的坑里，盖上土，轻轻按压。充分浇水，直到水从箱底流出。

茎会生长得很高，叶子也会大面积铺展，为了防止植株倒伏，最好安装支柱加固。

追肥 •••

栽种后约2周

栽种后约3周

栽种3周后施加化肥10g，之后每2周追肥一次，化肥同量。

安装支柱 •••

摘除下方叶子 •••

摘下来的叶子

腋芽

和抱子甘蓝一样，开始长出腋芽后，从植株下方依次采摘叶子，最后留下最上方约10片的叶子。采摘下来的叶子可用于制作青汁，做成炒菜也很好吃。

收获 •••

腋芽直径长到4cm~5cm时即收获的良机，用剪刀从腋芽与茎的连接处剪下即可。收获腋芽之后，也可以从下方向上依次采摘叶子。

主要的病虫害和防治方法

要注意防治青虫、小菜蛾、蚜虫等害虫。出现青虫和小菜蛾时，喷洒按1：1000至1：2000稀释的塔罗®流动CT（BT水和剂）。出现蚜虫时，喷洒按1：100稀释的奥莱托®液剂（油酸钠液剂）。也可以使用防虫网或遮阳网进行物理防御。

芥蓝【白花芥蓝】十字花科芸薹属

数据 ★★☆

培养土：市售蔬菜专用培养土

浇水：土壤表面变干后要充分浇水

施肥：第二次、第三次间苗时，施加化肥10g

栽培箱条件：深度为20cm左右的标准栽培箱

特含营养成分：β-胡萝卜素、维生素C、维生素E、叶酸、维生素U、钙、铁、萝卜硫素

在将要开出第一朵花的鲜嫩时期进行收获

芥蓝原产于地中海沿岸，其喜爱凉爽气候，是卷心菜和西蓝花的同类。常见于中国南部至东部，耐热性强。其栽种后会很快长出粗壮的茎，并直立生长。可采摘其鲜嫩的花茎、花蕾、嫩叶食用。

食用芥蓝时要煮一下，用作沙拉和凉菜。芥蓝做成炒菜、天妇罗也很好吃。芥蓝除含有β-胡萝卜素和维生素C外，还含有钙、铁、叶酸等，是营养价值很高的蔬菜。

在标准栽培箱内挖5个浅坑，往每个坑中各撒入5~6粒种子，薄薄地盖一层土，轻轻按压。种子发芽之前要悉心浇水，避免土壤干燥。双叶展开之后间苗至3株，长出4~5片叶子后间苗至2株，施加化肥10g。发芽之后，土壤表面变干后要充分浇水。长出7~8片叶子后留下长势较好的1株，追肥并培土。在将要开出第1朵花时，用剪刀剪下从顶端向下约20cm的柔软部分。如果收获晚了，花开了，菜的口感就会下降，所以要尽早收获。

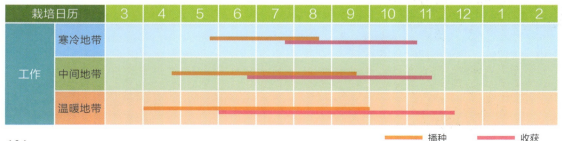

栽培日历		3	4	5	6	7	8	9	10	11	12	1	2
工作	寒冷地带												
	中间地带												
	温暖地带												

播种　　　　收获

播种 ● ● ●

在标准栽培箱里铺上箱底石，倒入培养土。在土壤表面挖5个深1cm的坑，往每个坑中各撒入5~6粒种子，薄薄地盖一层土，轻轻按压。充分浇水，直到水从箱底流出。

间苗 ● 追肥 ● 培土 ● ● ●

2 双叶展开之后间苗至3株，长出4~5片叶子后间苗至2株，长出7~8片叶子后只留下长势较好的1株。

3 从第二次间苗开始，每次间苗后将10g化肥均匀撒在土上并培土。间苗时拔除的秧苗可做成炒菜等，味道很好。

收获 ● ● ●

小技巧 4

徒手

用剪刀

在将要开出第一朵花时，用剪刀或徒手采摘从顶端向下约20cm的柔软部分。如果收获晚了，花开了，菜的口感就会下降，所以要尽早收获。若留着下面的叶子，腋芽就会继续生长。

主要的病虫害和防治方法

出现青虫和小菜蛾时，喷洒按1∶1000至1∶2000稀释的塔罗®流动CT（BT水和剂）。出现蚜虫时，喷洒按1∶100稀释的奥莱托®液剂（油酸钠液剂）。也可以使用防虫网或遮阳网进行物理防御。

长茎西蓝花 十字花科芸薹属

数据 ★★☆

培养土：市售蔬菜专用培养土

浇水：土壤表面变干后要充分浇水

施肥：摘掉顶端花蕾后施加化肥10g；之后每2周追肥一次，化肥同量

栽培箱条件：深度为30cm以上的大型栽培箱

特含营养成分：β-胡萝卜素、维生素C、维生素E、叶酸、维生素B$_2$、维生素U、铁、萝卜硫素

摘掉顶端花蕾，促进侧边花蕾的生长

长茎西蓝花原产地为地中海沿岸，其花蕾和茎部可食用，是西蓝花和芥蓝的杂交品种，产量高，用栽培箱也可轻松培育。采摘长茎西蓝花时，摘去最先长出的顶端花蕾后，收获从下面的枝杈长出的像腋芽一样的侧边花蕾。其特征是花茎较长，口感近似于带甜味的芦笋。

长茎西蓝花的食用方法多种多样，比如用盐水煮过之后浇上蛋黄酱吃，或做成沙拉、炖菜、炒菜等。长茎西蓝花的营养价值高，富含提高免疫力的维生素C，还含有β-胡萝卜素、维生素E、维生素B$_2$、叶酸等。

在大型栽培箱内栽种长有5~6片叶子的秧苗，在日照和通风良好的地方培育，土壤表面变干后要充分浇水。最先长出的顶端花蕾直径为2cm左右时，连同它下面的茎剪下，并施加化肥约10g。侧边花蕾直径长到约1元硬币大小时，连同20cm左右的茎一起收获。每2周追肥一次，可长时间收获。

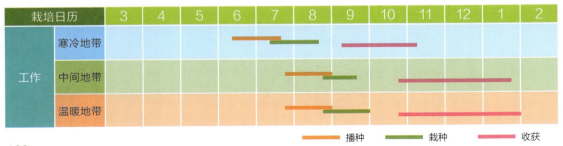

栽种 ● ● ●

1

秧苗

在大型栽培箱里铺上箱底石，倒入培养土。挖一个坑，往坑里注水。水渗透土壤后，把秧苗放入挖的坑里，盖上土，轻轻按压。充分浇水，直到水从箱底流出。

收获 ● ● ●

3

侧边花蕾直径长到约1元硬币大小时，连同20cm左右的茎一起收获。时常追肥的话，可不断长出侧边花蕾，长时间收获。

摘蕾 · 追肥 ● ● ●

小技巧

2

最先长出的花蕾（顶端花蕾）直径为2cm左右时，连同下面的茎剪下，并施加化肥10g，以促进侧面长出的花蕾（侧边花蕾）的生长。之后每2周追肥一次，化肥同量。

主要的病虫害和防治方法

出现青虫和小菜蛾时，喷洒按1：1000至1：2000稀释的塔罗®流动CT（BT水和剂）。出现蚜虫时，喷洒按1：100稀释的奥莱托®液剂（油酸钠液剂）。也可以使用防虫网或遮阳网进行物理防御。

小白菜 十字花科芸薹属

数据　★　★　☆

培养土：市售蔬菜专用培养土

浇水：土壤表面变干后要充分浇水

施肥：第二次间苗时，施加化肥10g；之后每2周追肥一次，化肥同量

栽培箱条件：深度为20cm左右的标准栽培箱

特含营养成分：β-胡萝卜素、维生素C、叶酸、维生素K、钙、钾、铁

适当间苗，拉开间距，使其长得肥嫩

小白菜原产于地中海沿岸，该品种在中国得到了改良，并传到了日本。因其叶柄为白色，所以被称为"白菜"，以与叶柄为绿色的小棠菜相区分。

小白菜的叶和茎都很柔软，味道也很好。小白菜可用于炒菜、炖菜、凉菜等。小白菜富含β-胡萝卜素、维生素C、钙、铁等。

它不怕热、不怕冷，除严寒期以外，在其他时期均可长时间栽培。小白菜播种后短期内便可收获，是一种可以轻松培育的蔬菜。在标准栽培箱内挖两道沟，撒入种子，薄薄地盖一层土。种子发芽之前要悉心浇水，避免土壤干燥。双叶展开之后间苗，间隔为3cm，在日照和通风良好的地方培育。发芽之后，若土壤表面变干要充分浇水。长出3~4片叶子后间苗，间隔为6cm，施加化肥10g。之后每2周追肥一次，化肥同量。长出5~6片叶子后间苗，间隔为12cm。叶子长度为15cm时即可收获。

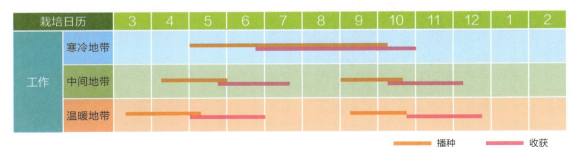

播种 • • •

在标准栽培箱里铺上箱底石，倒入培养土。在土壤表面挖两道深1cm的沟，间隔为15cm。在沟中每隔1cm撒入种子，之后从两侧培土，并用手轻轻按压。充分浇水，直到水从箱底流出。

间苗 • 追肥 • 培土 • • •

双叶展开之后间苗，间隔为3cm（第一次）。长出3~4片叶子后间苗，间隔为6cm（第二次）。长出5~6片叶子后间苗，间隔为12cm（第三次）。从第二次间苗开始，每2周追肥一次，将10g化肥均匀撒在土上并培土。

间苗时拔除的小白菜可用来做汤，味道很好。

收获 • • •

叶子长度为15cm（叶片数量为10片以上）时可收获，从根部用剪刀剪下需要的量即可。

主要的病虫害和防治方法

它容易引来青虫、小菜蛾、蚜虫等害虫，在夏天需要特别注意。使用防虫网可有效阻止害虫入侵。或者，出现青虫和小菜蛾时，喷洒按1：1000至1：2000稀释的塔罗®流动CT（BT水和剂）。出现蚜虫时，喷洒按1：100稀释的奥莱托®液剂（油酸钠液剂）。

109

小棠菜 【青梗菜】 十字花科芸薹属

数据 ★ ☆ ☆

培养土：市售蔬菜专用培养土

浇水：土壤表面变干后要充分浇水

施肥：第二次间苗时，施加化肥10g；之后
每2周追肥一次，化肥同量

栽培箱条件：深度为20cm左右的标准栽
培箱

特含营养成分：β-胡萝卜素、维生素C、
钙、钾、铁、膳食纤维

早春时播种容易抽薹，需要注意

小棠菜原产于地中海沿岸，该品种在中国得到了改良。它在日本的历史很短，一般认为是在20世纪70年代传入日本的。其叶子长约20cm，在栽培箱中可轻松培育。迷你品种"青瓦"的植株小而紧凑，更加容易培育。

小棠菜柔软且无任何异味，用作炒菜、凉菜、炖菜等都很好吃。它富含维生素C、β-胡萝卜素等。

小棠菜的生长适宜温度为20℃左右，它喜爱凉爽气候，耐热性强，除严寒期以外，可不分季节栽培。但是气温过低的话其会长出花芽，在白昼时间较长的时节容易抽薹，所以早春时播种需要注意。在标准栽培箱内挖两道沟，撒入种子。在种子发芽之前要悉心浇水，避免土壤干燥。双叶展开之后间苗，间隔为3cm。长出3~4片叶子后再间苗，间隔为6cm，施加化肥10g。之后每2周追肥一次，化肥同量。长出5~6片叶子后再间苗，间隔为12cm。叶子长度为15cm（迷你品种为10cm~12cm）时即可收获。

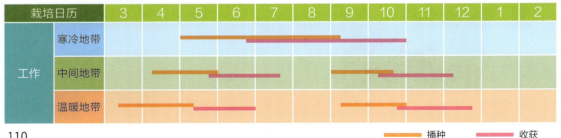

栽培日历		3	4	5	6	7	8	9	10	11	12	1	2
工作	寒冷地带												
	中间地带												
	温暖地带												

播种　收获

播种 • • •

在标准栽培箱里铺上箱底石，倒入培养土。在土壤表面挖两道深1cm的沟，间隔为15cm。在沟中每隔1cm撒入种子，之后从两侧培土，并用手轻轻按压。充分浇水，直到水从箱底流出。

间苗·追肥·培土 • • •

间苗时注意不要让泥土落在留下的植株上

第一次

小技巧

第二次

第三次

双叶展开之后间苗，间隔为3cm（第一次）。长出3~4片叶子后再间苗，间隔为6cm（第二次）。长出5~6片叶子后再间苗（迷你品种只需间苗两次），间隔为12cm（第三次）。从第二次间苗开始，每2周追肥一次，将10g化肥均匀撒在土上并培土。间苗时拔除的菜可用于炒菜和做汤。

收获 • • •

迷你品种的叶子为10cm~12cm，普通品种的叶子为15cm时即可收获。在根部鼓起来的地方，用剪刀从根部剪下即可。

主要的病虫害和防治方法

它容易引来青虫、小菜蛾、蚜虫等害虫，尤其在夏天需要特别注意。使用防虫网可有效阻止害虫入侵。或者，出现青虫和小菜蛾时，喷洒按1：1000至1：2000稀释的塔罗®流动CT（BT水和剂）。出现蚜虫时，喷洒按1：100稀释的奥莱托®液剂（油酸钠液剂）。

111

乌塌菜 【塌菜】 十字花科芸薹属

数据　★ ★ ☆

培养土：市售蔬菜专用培养土

浇水：土壤表面变干后要充分浇水

施肥：第二次间苗时，施加化肥10g；之后每2周追肥一次，化肥同量

栽培箱条件：深度为20cm左右的标准栽培箱

特含营养成分：β-胡萝卜素、维生素C、维生素K、钙、钾、铁、膳食纤维

天气变冷时叶片会变厚，甜味会增加

乌塌菜原产地为地中海沿岸，该品种在中国得到了改良，20世纪30年代传到日本。最初乌塌菜并没有普及，但是在20世纪70年代其再次受到关注，如今在家庭菜园里也经常被栽种。

乌塌菜涩味少、柔软、甘甜，可用作炒菜、炖菜、凉菜、酱菜等，其富含维生素和矿物质。

它的特点是不怕热、不怕冷，特别是遇到寒冷天气时，叶片会变厚，甜味也会增加。它可以在春天播种，但推荐在秋天播种，这样冬天就能收获。在标准栽培箱中央挖一条沟，撒入种子，盖上土，轻轻按压。在发芽之前要悉心浇水，避免土壤干燥。双叶展开之后间苗，间隔为3cm，在日照和通风良好的地方培育。发芽之后，若土壤表面变干要充分浇水。长出6~7片叶子后再间苗，间隔为6cm。长出15片左右叶子后再间苗，间隔为12cm。长出20片左右叶子后最后一次间苗，间隔为24cm。第二次间苗时施加化肥10g，之后每2周追肥一次，化肥同量。植株直径为20cm~25cm时即可收获。

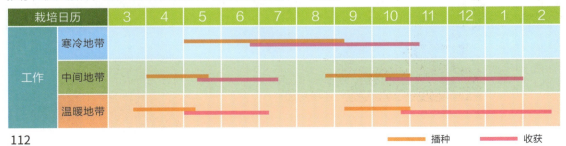

栽培日历		3	4	5	6	7	8	9	10	11	12	1	2
工作	寒冷地带												
	中间地带												
	温暖地带												

播种　　　收获

播种 • • •

在标准栽培箱里铺上箱底石，倒入培养土。在标准栽培箱中央挖一道深1cm的沟，在沟中每隔1cm撒入种子，之后从两侧培土，并用手轻轻按压。充分浇水，直到水从箱底流出。

收获 • • •

植株直径为20cm~25cm（叶片为50~60片）时收获，用剪刀从根部剪下即可。

间苗 • 追肥 • 培土 • • •

第一次　第二次　第三次　第四次

双叶展开之后间苗，间隔为3cm。长出6~7片叶子后再间苗，间隔为6cm。长出15片左右叶子后再间苗，间隔为12cm。长出20片左右叶子后最后一次间苗，间隔为24cm。从第二次间苗开始，每2周追肥一次，将10g化肥均匀撒在土上并培土。

右图所示是间苗时拔除的叶子，从第三次间苗开始叶子就会变得很大，当然也是可以食用的。

主要的病虫害和防治方法

它容易引来青虫、小菜蛾，尤其在夏天需要特别注意。可喷洒按1：1000至1：2000稀释的塔罗®流动CT（BT水和剂）进行防治，也可以使用防虫网或遮阳网进行物理防御。

红菜薹【紫菜薹】 十字花科芸薹属

数据 ★★☆

培养土：市售蔬菜专用培养土

浇水：土壤表面变干后要充分浇水

施肥：第二次间苗时，施加化肥10g；之后每2周追肥一次，化肥同量

栽培箱条件：标准栽培箱或深度为30cm以上的大型栽培箱

特含营养成分：β–胡萝卜素、维生素B群、铁

茎上开出一朵花时便是收获的时机

红菜薹原产地为地中海沿岸，该品种在中国得到了改良，20世纪40年代传入日本，据说在1970年以后开始广泛栽培。

红菜薹主要收获顶端花茎，是类似于油菜的蔬菜，花茎为紫红色，寒冷时其颜色更深，但经过加热后紫色会褪去，变为绿色。红菜薹没有涩味，口感柔软，除焯一下，拌着蛋黄酱吃以外，还可以用作凉菜和炒菜。红菜薹富含β–胡萝卜素、维生素B群和铁。

在栽培箱中央挖一条沟，撒入种子，盖上土，轻轻按压。在发芽之前要悉心浇水，避免土壤干燥。双叶展开之后间苗，间隔为3cm。发芽之后，若土壤表面变干要充分浇水。每2周追肥一次，用量约10g。长出4~5片叶子后再间苗，间隔为6cm。长出7~8片叶子后再间苗，间隔为12cm。植株抽薹生长，顶端开花，开出一朵花之后，采摘其距顶端20cm左右的部分。每株蔬菜可收获30~50根花茎，收获量较多。

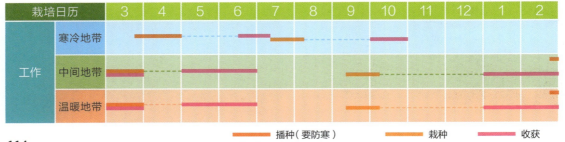

栽培日历		3	4	5	6	7	8	9	10	11	12	1	2
工作	寒冷地带												
	中间地带												
	温暖地带												

播种（要防寒）　　栽种　　收获

播种 •••

在栽培箱里铺上箱底石，倒入培养土。在栽培箱中央挖一道深1cm的沟，在沟中每隔1cm撒入种子，之后从两侧培土，并用手轻轻按压。充分浇水，直到水从箱底流出。

间苗 • 追肥 • 培土 •••

第一次

第二次

第三次

双叶展开之后间苗，间隔为3cm（第一次）。长出4~5片叶子后再间苗，间隔为6cm（第二次）。长出7~8片叶子后再间苗，间隔为12cm（第三次）。从第二次间苗开始，每2周追肥一次，将10g化肥均匀撒在土上并培土。间苗时拔除的叶子可用作沙拉或凉菜。

间苗时也可以从根部用剪刀将植株剪下。

收获 •••

小技巧
5

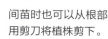

植株抽薹生长，顶端开花，开出一朵花之后，用手采摘其距顶端20cm左右的部分。

主要的病虫害和防治方法

要注意防治青虫、小菜蛾、蚜虫等害虫。出现青虫和小菜蛾时，喷洒按1∶1000至1∶2000稀释的塔罗®流动CT（BT水和剂）。出现蚜虫时，喷洒按1∶100稀释的奥莱托®液剂（油酸钠液剂）。也可以使用防虫网或遮阳网进行物理防御。

红凤菜 【紫背菜】 菊科菊三七属

数据 ★ ☆ ☆

日照条件：阳光充足的地方

培养土：市售蔬菜专用培养土

浇水：土壤表面变干后要充分浇水，注意不要断水

施肥：每2周追肥一次，化肥用量为10g

栽培箱条件：深度为20cm左右的标准栽培箱

特含营养成分：β-胡萝卜素、维生素E、花青素、钙、铁、GABA（γ-氨基丁酸）

耐高温，即使在盛夏也能茂盛地生长

红凤菜原产于热带亚洲，经由中国传入日本。红凤菜最初见于冲绳和熊本，江户时代传到金泽，现在已成为加贺地区传统蔬菜之一。

红凤菜叶子背面颜色是鲜艳的紫色，含有花青素，但加热后紫色会变淡。红凤菜煮过之后有些滑润，口感如同裙带菜。红凤菜可用作凉菜、醋拌菜、天妇罗等。红凤菜含有β-胡萝卜素、钙、铁等营养成分。

红凤菜的生长适宜温度为20℃~25℃。红凤菜虽然耐高温，但是不耐寒，所以要等气温适宜之后再栽种。选择节间紧实的秧苗，在日照和通风良好的地方培育。土壤表面变干后要充分浇水。因为其不耐干，所以要注意不要断水。茎叶生长茂盛，所以不要忘记追肥。叶子长到30cm以上时，即可采摘其距顶端15cm~20cm的部分。频繁收获可以促进腋芽的生长，植株也会变得更大。

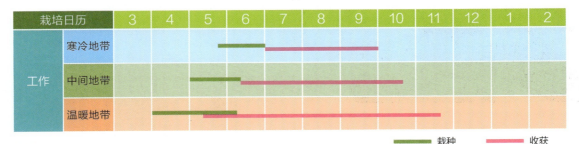

栽培日历		3	4	5	6	7	8	9	10	11	12	1	2
工作	寒冷地带												
	中间地带												
	温暖地带												

▬ 栽种　　▬ 收获

栽种 • • •

1 准备标准栽培箱。在栽培箱里间隔30cm挖两个坑，往坑里注水。

2 水渗透土壤后，把秧苗放入挖的坑里，盖上土，轻轻按压。

3 充分浇水，直到水从箱底流出。

追肥 • • •

栽种后约3周，叶子为20cm左右之后，施加化肥10g。之后每2周追肥一次，化肥同量。

主要的病虫害和防治方法

要注意防治青虫和蚜虫。出现青虫时，喷洒按1：1000稀释的塔罗®流动CT（BT水和剂）。出现蚜虫时，喷洒按1：100稀释的奥莱托®液剂（油酸钠液剂）。也可以使用防虫网或遮阳网进行物理防御。

收获 • • •

到了寒冷的冬天，植株土壤以上的部分会枯萎。但若能把植株所在环境的温度控制在3℃以上，也可以令它熬过冬天。

小技巧

栽种后大约6周即可收获。从腋芽上方采摘其距顶端15cm~20cm的部分。

收获后需少量追肥。植株的腋芽在生长期会不断生长，可以反复收获。

蕹菜【空心菜】旋花科甘薯属

数据 ★ ★ ★

培养土：市售蔬菜专用培养土

浇水：土壤表面变干后要充分浇水，注意不要断水

施肥：每2周追肥一次，化肥用量为10g

栽培箱条件：深度为20cm左右的标准栽培箱

特含营养成分：β–胡萝卜素、维生素E、维生素C、钙、铁、膳食纤维、多酚

耐热，夏季可以大量收获

正如它的名字，蕹菜的茎里面是空的。它是原产于热带亚洲的蔓生植物，喜欢高温、多湿的环境，能抵抗夏天的炎热，茂盛生长。蕹菜原本是多年生草本植物，但其在10℃以下会停止生长，遭受霜打会枯死，所以在日本被作为一年生草本植物。

蕹菜没有令人难以接受的口感和味道，按照中餐或其他民族食品制作方法进行腌制后，可用于炒菜，非常美味。也可以在热水里将其焯一下，用作凉菜或芝麻拌菜。其钙含量是菠菜的4倍，富含铁、维生素、膳食纤维、多酚等，是营养价值很高的蔬菜。

等气温充分上升之后栽种。在栽培箱中间隔15cm~20cm挖几个小坑，在每个坑中放入3粒种子，种子要提前在水中浸泡一昼夜，稍微多盖一些土。在发芽之前要悉心浇水，避免土壤干燥。双叶展开之后间苗，留下2株。发芽之后，土壤表面变干后要充分浇水。每2周追肥一次，化肥用量为10g。为了使叶子茂盛生长，也可以使用氮较多的肥料。腋芽茂盛生长后，可采摘其距顶端15cm~20cm的部分。

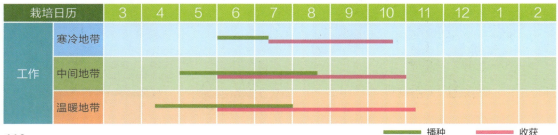

栽培日历	3	4	5	6	7	8	9	10	11	12	1	2
工作 寒冷地带				播种	收获							
工作 中间地带			播种	收获								
工作 温暖地带		播种	收获									

■ 播种　■ 收获

118

播种 • • •

1 准备标准栽培箱。在标准栽培箱中间隔15cm~20cm挖几个小坑，每个坑中放入3粒种子，种子需提前在水中浸泡一昼夜。

2 盖上土，轻轻按压。充分浇水，直到水从箱底流出。

间苗 • • •

发芽并展开双叶后，拔除长势不良的植株。

追肥 • • •

开始生长之后，施加化肥10g。之后每2周追肥一次，化肥同量。

主要的病虫害和防治方法

基本不用担心发生病虫害。

收获 • 追肥 • • •

叶子长到20cm左右即可进行第一次收获，采摘距地面4cm~5cm以上的部分，之后少量追肥，以促进腋芽生长。腋芽茂盛生长后，采摘其距顶端15cm~20cm的柔软部分，收获之后少量追肥。

播种后约6周　　播种后约7周　　播种后约8周

莴苣 【笋菜】 菊科莴苣属

数据 ★ ★ ☆

培养土：市售蔬菜专用培养土

浇水：土壤表面变干后要充分浇水，注意不要太干或太湿

施肥：第二次、第三次间苗时，施加化肥10g；之后每2周追肥一次，化肥同量

栽培箱条件：深度为20cm左右的标准栽培箱

特含营养成分：维生素C、β-胡萝卜素、铁、维生素K、钙、钾、多酚

晚上要在完全黑暗的地方培育，防止抽薹

莴苣原产地为爱琴海的科斯地区，其直立生长的叶子呈长椭圆形，是松散的半结球型蔬菜，有绿叶系和红叶系品种。

用菜刀切的话会增加其苦味，切口容易变成茶色，所以最好用手撕成碎片来烹饪它。它的口感爽脆，没有令人难以接受的味道，可用于制作凯撒沙拉。与结球生菜相比，莴苣维生素C、β-胡萝卜素和多酚的含量更多。

莴苣的生长适宜温度为15℃~20℃。因为它容易抽薹，

若日照时间长（白昼时间长）就会长出花芽，所以晚上要放在路灯和家里的灯都照不到的漆黑的地方。

在栽培箱中挖4个小坑，在每个坑中放入5~6粒种子。在发芽之前要悉心浇水，避免土壤干燥。双叶展开之后间苗，留下3株，在日照和通风良好的地方培育。长出3~4片叶子后再间苗，留下2株。长出7~8片叶子后再间苗，留下1株，施加化肥10g。之后每2周追肥一次，化肥同量。叶子长到20cm~30cm之后即可收获。

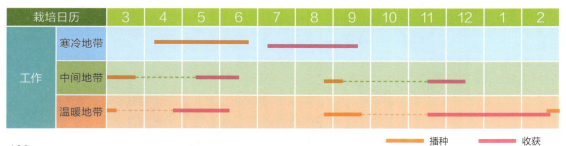

栽培日历		3	4	5	6	7	8	9	10	11	12	1	2
工作	寒冷地带												
	中间地带												
	温暖地带												

播种　　收获

播种 ···

1. 准备标准栽培箱。在栽培箱里挖4个深1cm的小坑。
2. 在每个坑中放入5~6粒种子，盖上土，轻轻按压。
3. 充分浇水，直到水从箱底流出。

间苗·追肥·培土 ···

第一次（图片为间苗） 第二次（图片为追肥） 第三次（图片为培土）

双叶展开之后间苗，留下3株。长出3~4片叶子后再间苗，留下2株。长出7~8片叶子后再间苗，留下1株。从第二次、第三次间苗开始将10g化肥均匀撒在土上并培土。之后每2周追肥一次，化肥同量。间苗时拔除的蔬菜可以用于制作沙拉。

收获 ···

叶子长到20cm~30cm之后，即可用剪刀将其从根部剪下。

主要的病虫害和防治方法

并不需要太担心它会遭受病虫害，但有时会引来毛虫，如果发现了其粪便，要马上在植株周围寻找毛虫，找到之后要立即捕杀。也可以使用防虫网或遮阳网进行物理防御。

莙达菜【达菜】藜科甜菜属

收获涩味少而柔嫩的小菜叶

莙达菜原产地为地中海沿岸，叶柄有红、紫、白、黄、橙、粉、绿等品种，具有丰富的色彩是其特征。

莙达菜幼叶的涩味少，很好吃，拌入沙拉中可使其颜色更加丰富多彩。其也可用于凉菜、拌菜、炒菜和意大利面。莙达菜富含β-胡萝卜素等营养成分。

莙达菜的生长适宜温度为15℃~20℃，耐寒、耐热，可长时间栽培。在标准栽培箱中挖两道沟，撒上种子。种子发芽之前要悉心浇水，避免土壤干燥。双叶展开之后进行间苗，间隔为3cm。之后，土壤表层变干后要充分浇水，但因其不耐湿，要注意不要过量。植株长大后，依次进行后续间苗，最终的间隔为12cm~24cm。秧苗期的叶子柔软、可口，所以建议早采。播种之后约2周，长出3~4片叶子时为最佳采摘时期。收获之后施加化肥10g，之后每2周追肥一次，化肥同量。

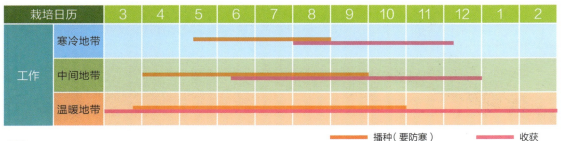

栽培日历	3	4	5	6	7	8	9	10	11	12	1	2
工作 寒冷地带												
中间地带												
温暖地带												

播种（要防寒）　　　收获

播种 •••

准备标准栽培箱。在栽培箱中挖两道深度为1cm的沟，间隔为15cm。在沟中每隔1cm撒下种子，然后从两侧向沟内轻轻培土。充分浇水，直到水从箱底流出。

间苗•培土 •••

双叶展开之后进行间苗，间隔为3cm，然后培土。

早采•追肥 •••

小技巧

3 推荐食用其嫩叶。播种之后约2周，长出3~4片叶子时为最佳采摘时期。用剪刀从叶柄根部剪下即可。

4 收获之后施加化肥10g，之后每2周追肥一次，化肥同量。

收获 •••

5 在植株生长过程中依次间苗，间隔分别为6cm、12cm（间苗时拔除的秧苗可用作沙拉或炒菜）。但是，若植株老化涩味就会变浓，所以要在长出11~12片叶子时进行收获。

6 也可让其茂密生长，从外侧叶子开始向内依次收获需要的部分。

主要的病虫害和防治方法

并不需要太担心它会遭受病虫害，但有时也会出现蚜虫。出现蚜虫时可以加大喷水力度将其冲走，或喷洒按1:100稀释的奥莱托®液剂（油酸钠液剂）进行驱除。

水芹【芹菜】 伞形花科水芹属

数据 ★ ★ ☆

培养土：市售蔬菜专用培养土

浇水：土壤表面变干后要充分浇水

施肥：栽种后20天施加化肥10g；之后每2周追肥一次，化肥同量

栽培箱条件：深度为20cm左右的标准栽培箱

特含营养成分：β-胡萝卜素、维生素C、钾、钙、膳食纤维

在茎的纤维变硬之前进行采摘

水芹原产地为地中海沿岸，是一种很受欢迎的具有香味的蔬菜。它是芹菜的原种，外观与意大利欧芹相似，但茎叶散发出芹菜的香味。其特征是茎叶比芹菜的小且细、茎叶柔软。

除用于给汤和意大利面提香之外，水芹也可用作沙拉、凉菜和腌菜。它含有β-胡萝卜素和维生素C，以及丰富的膳食纤维。

水芹的生长适宜温度为15℃~20℃，它喜爱凉爽的气候。水芹叶子颜色较深，选择叶子密实的秧苗，在标准栽培箱内栽种3株，间隔约为25cm。虽然其需要在太阳下培育，但若想得到柔软的茎叶，最好将其放置在"半日阴"的环境中培育。土壤表面变干后要充分浇水。栽种后20天施加化肥10g，之后每2周追肥一次，化肥同量。叶子长到20cm左右时，从外层叶片向内开始依次收获，剪下从土壤表面开始3cm以上的部分。因为茎叶会继续生长，所以可以享受好几次收获的乐趣。建议在茎部纤维变硬之前进行采摘。

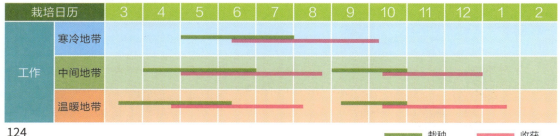

栽培日历		3	4	5	6	7	8	9	10	11	12	1	2
工作	寒冷地带												
	中间地带												
	温暖地带												

栽种   收获

124

栽种 ● ● ●

1 准备标准栽培箱，在其中栽种3株秧苗，间隔约为25cm。
2 充分浇水，直到水从箱底流出。

3 栽种后20天施加化肥10g，之后每2周追肥一次，化肥同量。
4 水芹喜欢适度湿润的环境，土壤持续干燥时要勤浇水。

追肥 · 浇水 ● ● ●

收获 ● ● ●

主要的病虫害和防治方法

容易出现金凤蝶幼虫，发现后需立即捕杀。出现蚜虫时，可喷洒按1：100稀释的奥莱托®液剂（油酸钠液剂）进行驱除。

刚刚收获的植株和收获7天之后的植株

叶子长到20cm左右时，剪下从土壤表面开始3cm以上的部分。继续追肥的话，即可反复享受收获的乐趣。收获时也可以不剪掉植株，从外层叶片向内开始依次采摘。

落葵【紫葵】 落葵科落葵属

数据 ★ ☆ ☆

培养土：市售蔬菜专用培养土

浇水：土壤表面变干后要充分浇水

施肥：长出3~4片叶子后施加化肥10g；之后每2周追肥一次，化肥同量

栽培箱条件：深度为30cm以上的大型栽培箱

特含营养成分：β－胡萝卜素、维生素C、维生素E、维生素K、钙、钾、镁、膳食纤维

种皮坚硬，浸泡一昼夜后再播种

落葵是原产于热带亚洲的蔓生植物，有青茎种和红茎种。落葵耐高温，腋芽生长旺盛而繁茂。

其叶子和茎部的肉厚且微微滑润，味道和菠菜很像，有点儿土腥味。落葵除了用作炒菜和天妇罗，还可以用作凉菜和拌菜。落葵含有丰富的维生素和矿物质，是一种营养价值很高的蔬菜。

落葵发芽适宜温度为25℃~30℃，其不耐寒，因此要等气温适宜后播种。因为其外层种皮较为坚硬，所以要预先在水中浸泡一昼夜。在栽培箱中间隔20cm~30cm挖几个小坑，在每个坑中放入3粒种子，盖上土，轻轻按压。在发芽之前要悉心浇水，避免土壤干燥。双叶展开之后间苗，每个坑里留下2株。在土壤表面变干后要充分浇水。叶子长到20cm~30cm时掐尖，留下底部6片叶子，以促进腋芽的生长。每2周追肥一次，化肥用量为10g。腋芽茂盛生长后，采摘其距顶端15cm的柔软部分进行收获。

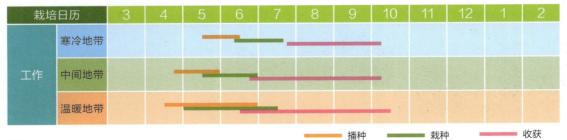

栽培日历	3	4	5	6	7	8	9	10	11	12	1	2
工作 寒冷地带												
中间地带												
温暖地带												

播种　栽种　收获

播种 •••

在栽培箱里挖几个深1cm的小坑，间隔为20cm~30cm。在每个坑里撒下3粒浸泡过一昼夜的种子，盖上土，并用手轻轻按压。充分浇水，直到水从箱底流出。

间苗 •••

发芽并展开双叶之后，拔除长势不好的1株秧苗。

追肥 •••

长出3~4片叶子之后，将10g化肥均匀撒在土上并轻轻培土。之后每2周追肥一次，化肥同量。

掐尖 · 收获 •••

小技巧
4

播种之后
4~5周

5

播种之后
6~7周

主要的病虫害和防治方法

它是基本不会发生病虫害的强壮蔬菜，可以进行无农药栽培。出现毛虫时，一旦发现要立即捕杀，以免其危害蔓延。

4 叶子长到20cm~30cm时，留下底部6片叶子，采摘其顶部，这既是掐尖又是收获。因为藤蔓会继续生长，可以安装支柱进行引导。

5 掐尖之后1~2周，腋芽会继续茂盛生长，可以继续收获其距顶端15cm的部分。若长出花蕾或开花，植株就会变得羸弱，所以需要尽早摘除。

127

长蒴黄麻 椴树亚科黄麻属

数据 ★ ★ ☆

培养土：市售蔬菜专用培养土

浇水：土壤表面变干后要充分浇水

施肥：每2周追肥一次，化肥用量为10g

栽培箱条件：深度为30cm以上的大型栽培箱

特含营养成分：β-胡萝卜素、维生素C、维生素E、维生素K、钙、叶酸、铁、维生素B群、膳食纤维

勤采摘，促进分枝生长

长蒴黄麻原产地为非洲北部至印度地区，其耐高温。20世纪80年代开始在日本推广种植。

长蒴黄麻没有令人难以接受的味道，适合用于凉菜、炒菜、天妇罗、汤中。将其剁碎食用会有独特的滑润感，这是因为其含有黏蛋白成分。它富含维生素和矿物质。长蒴黄麻的生长适宜温度为20℃以上，其不耐寒，因此要等气温适宜后再播种。在直径为9cm的营养钵中撒入7~8粒种子，在其生长过程中依次间苗，直到剩下最后2株。准备大型栽培箱，在其中间隔20cm~30cm栽种留下的2株秧苗，待其长出7~8片叶子时，留下其中1株。土壤表面变干后要充分浇水。每2周追肥一次，化肥用量为10g。叶子长到40cm~50cm时收获，用手采摘叶片顶端向下10cm~15cm的部分。勤采摘，在促进分枝生长的同时，也要注意别让叶子长得太高。

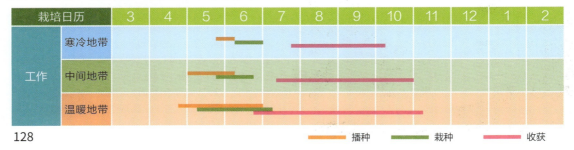

栽培日历	3	4	5	6	7	8	9	10	11	12	1	2
寒冷地带												
工作 中间地带												
温暖地带												

播种   栽种   收获

育苗 •••

在直径为9cm的营养钵中倒入培养土，挖出深1cm左右的小坑。

撒入7~8粒种子。

盖上土，用手轻轻按压。充分浇水，直到水从箱底流出。

这是双叶展开的样子，这时进行间苗，留下5株。长出2~3片叶子时间苗至3株，长出4~5片叶子时间苗至2株。在育苗时期要不断进行间苗。

长出5~6叶子之后，将秧苗栽种在栽培箱里。

栽种 • • •

6

6 准备大型栽培箱。间隔20cm~30cm挖两个坑，往坑里注水。

7 水渗透土壤后，把秧苗放入挖的坑里，盖上土，轻轻按压。

8 充分浇水，直到水从箱底流出。

7

8

间苗 • 追肥 • • •

9

栽种2周后，待其长出7~8片叶子时，留下其中一株。间苗之后施加化肥10g，之后每2周追肥一次，化肥同量。

掐尖·追肥 •••

小技巧
10

叶子长到30cm时开始收获，用手采摘叶片顶端向下15cm左右的部分。
少量追肥，以促进腋芽生长。

收获 •••

11

叶子长到40cm~50cm时，用手快速
掰下叶片顶端向下10cm~15cm的柔软部分。

随着天气变热而旺盛生长，所以
要勤采摘。

花

果实

因为其种子有很强的毒性，所以每次长出花芽时都要摘下来，
以免结出果实。若结出了果实，千万不要食用，特别是家里有
小孩时更要注意。

主要的病虫害和防治方法

它有时会出现叶螨，培育时要创造良
好的通风环境。出现叶螨时，可喷洒
按1：100稀释的黏液君®液剂（淀粉
液剂）进行驱除。

紫苏 唇形科紫苏属

数据 ★★☆

培养土：市售蔬菜专用培养土

浇水：土壤表面变干后要充分浇水

施肥：栽种2周之后施加化肥10g；开始收获之后每2周追肥一次，化肥同量

栽培箱条件：深度为15cm以上的栽培箱

特含营养成分：β-胡萝卜素、维生素E、维生素K、钙、叶酸、铁、膳食纤维、迷迭香酸、紫苏醛

容易招虫子，一旦发现就要立刻驱除

紫苏原产地为喜马拉雅山脉和缅甸及中国，种类有紫色叶子的红紫苏、绿色叶子的青紫苏。其叶子形状多种多样，有扁平的，也有皱叶的。青紫苏用于佐料和天妇罗，红紫苏除用于梅干之外，榨成汁会成为颜色鲜艳的饮料，可以防止苦夏。其独特的清爽香味来自一种叫作紫苏醛的成分。紫苏富含维生素和矿物质，同时含有多酚。购买秧苗时要挑选叶子颜色深、节间紧密而壮实的秧苗。在栽培箱中间隔约20cm栽种秧苗，在日照和通风良好的地方培育。土壤表面变干后要充分浇水。叶子长到30cm~40cm时，收获其柔软部分。勤于收获的话，可促进腋芽生长，从而使其成长为大棵植株。它容易招来虫子，若担心病虫害，可喷洒药剂来驱除。

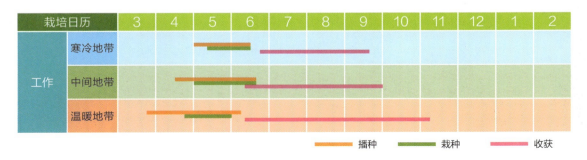

栽培日历		3	4	5	6	7	8	9	10	11	12	1	2
工作	寒冷地带												
	中间地带												
	温暖地带												

播种　栽种　收获

栽种 • • •

1 便宜的托盘秧苗。

2 把托盘剪开，拔出秧苗，将其栽种到栽培箱中，每株间隔20cm。

3 充分浇水，直到水从箱底流出。

追肥·培土 • • •

栽种2周后，将10g化肥均匀撒在土上，轻轻培土。开始收获之后，每2周追肥一次，化肥同量。

• • • 生长的样子 • • •

栽种后约 4 周　　栽种后约 6 周

收获 • • •

采摘穗部食用时，要选择花开了三分之一的穗。

叶子长到30cm~40cm时，留下下方的叶子，采摘上方柔软的叶子。

主要的病虫害和防治方法

它容易招来叶螨和蚜虫，需要多注意。出现害虫时可以加大喷水力度将其冲走，或喷洒按1：100稀释的黏液君®液剂（淀粉液剂）进行驱除。

133

香菜 伞形科芫荽属

数据 ★ ★ ☆

培养土：市售蔬菜专用培养土

浇水：土壤表面变干后要充分浇水

施肥：第二次间苗之后施加化肥10g；之后每2周追肥一次，化肥同量

栽培箱条件：深度为20cm左右的标准栽培箱

特含营养成分：β-胡萝卜素、维生素C、钙

不喜欢过于潮湿的环境，浇水时要注意

香菜原产于地中海沿岸，因其带有独特的香气，喜欢的人会很喜欢，而讨厌的人则会很讨厌。

香菜是制作泰国冬阴功汤和越南春卷不可缺少的食材，是一种很有名的食材，做成意面酱汁也出乎意料地好吃。熟透的果实在干燥后可以作为调味品使用。它富含β-胡萝卜素和维生素C。

香菜的生长适宜温度为20℃左右。在栽培箱内挖出一道沟，撒入种子。种子发芽之前要悉心浇水，避免土壤干燥。双叶展开之后间苗，间隔为3cm，在日照和通风良好的地方培育。发芽之后，土壤表面变干后要充分浇水。香菜不喜欢过于潮湿的环境，培育时需要创造稍微干燥的环境。长出2~3片叶子后再间苗，间隔为6cm。长出4~5片叶子后再间苗，间隔为12cm。之后每2周施加化肥10g，长出15片叶子后即可收获需要的部分。

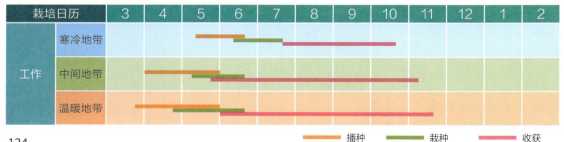

栽培日历	3	4	5	6	7	8	9	10	11	12	1	2
工作 寒冷地带												
中间地带												
温暖地带												

播种　栽种　收获

播种 ● ● ●

在标准栽培箱里铺上箱底石，倒入培养土。在栽培箱中间挖一道深度为1cm的沟，在沟里每间隔1cm撒下种子，向沟内轻轻盖上土，并用手轻轻按压。充分浇水，直到水从箱底流出。

双叶展开之后进行间苗，间隔为3cm。之后，在植株长出2~3片叶子后再次间苗，间隔为6cm。长出4~5片叶子后进行第三次间苗，间隔为12cm。第二次间苗后施加10g化肥，轻轻培土。之后每2周追肥一次，化肥同量。

间苗 · 追肥 · 培土 ● ● ●

第一次

第二次

第三次

收获 ● ● ●

叶子长到15片左右时，用剪刀从根部剪下叶子即可。

种子的利用 ● ● ●

小技巧

想要用作调味品或用作隔年播种而采集种子时，要一直给植株追肥到开花、结果为止。种子的采集和保存方法等参照第181页。

135

鼠尾草【药用鼠尾草】唇形科鼠尾草属

芳香鼠尾草

紫鼠尾草

数据 ★★☆

培养土：市售香草专用培养土

浇水：土壤表面变干后要充分浇水；它不喜欢过于潮湿的环境，培育时需要稍微干燥的环境

施肥：栽种2周后施加化肥10g；之后每2周追肥一次，化肥同量

栽培箱条件：深度为20cm左右的标准栽培箱

特含成分：芳香成分

植株长大后，根部长长变弯曲时需要更换花盆

鼠尾草原产地为欧洲，也被称为药用鼠尾草。其种类很丰富，有药用效果好的芳香鼠尾草、有嫩叶呈紫色的紫鼠尾草、有凤梨香气的凤梨鼠尾草、有能开出美丽红色花朵的樱桃鼠尾草等。

新鲜的或干燥的鼠尾草均可食用。它用作香草茶，或在泡澡时让其漂浮在浴缸中，让人享受其香气。它有使人放松的效果。

鼠尾草的生长适宜温度为15℃~20℃，它喜爱凉爽的气候。要挑选叶子颜色鲜亮、节间紧密的秧苗栽种。在栽培箱中间隔约20cm栽种秧苗。在日照和通风良好的地方培育。每2周施肥一次，化肥用量为10g，注意不要缺肥。收获时采摘必要的叶子即可。每年收获2~3次，多次收获时也可将其干燥保存。鼠尾草是常绿灌木，植株长大后可以换成大一号的栽培箱。

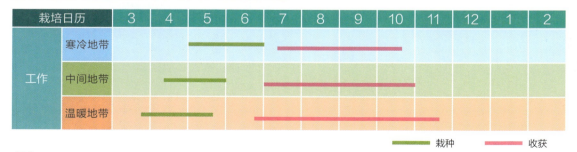

栽培日历		3	4	5	6	7	8	9	10	11	12	1	2
工作	寒冷地带												
	中间地带												
	温暖地带												

▬ 栽种　▬ 收获

栽种 • • •

1

准备标准栽培箱。在栽培箱里间隔20cm挖3个坑，往坑里注水。水渗透土壤后，把秧苗放入挖的坑里，盖上土，轻轻按压。充分浇水，直到水从箱底流出。

追肥•培土 • • •

2

栽种后约2周

栽种后约4周

栽种后约2周施加化肥10g并轻轻培土，之后每2周追肥一次，化肥同量。

收获 • • •

3

主要的病虫害和防治方法

要注意防止蚜虫的侵害，出现时要立即捕杀，或者喷洒按1：100稀释的奥莱托®液剂（油酸钠液剂）进行驱除。

通常在其生长旺盛的7~10月进行收获。若想收获鲜嫩的叶子，可以只采摘需要的部分。如果想用于干燥保存而大量收获，那么在栽种的第一年，只能在开花之前收获一次，使植株得以"休养生息"。第二年以后，每年可以收获2~3次。

罗勒【兰香】 唇形科罗勒属

甜罗勒

紫叶罗勒

数据 ★ ★ ☆

培养土：市售蔬菜专用培养土

浇水：土壤表面变干后要充分浇水，注意不要断水

施肥：间苗至一株后施加化肥10g；之后每2周追肥一次，化肥同量

栽培箱条件：深度为20cm左右的标准栽培箱

特含营养成分：β-胡萝卜素、维生素K、钙、钾

长出花穗时要尽早摘除，以保证风味

罗勒原产于热带亚洲。其种类有紫叶罗勒、肉桂罗勒、柠檬罗勒等，香味各异。

罗勒在意大利料理中使用广泛，与番茄搭配味道会更加出众。将罗勒、大蒜、松子、盐调成糊状的"意大利面青酱"，配上意大利面酱汁、白色鱼肉等，可用于多种菜肴。罗勒含有β-胡萝卜素和钾等营养成分。

罗勒生长适宜温度为25℃左右，因为它怕冷，所以要等到温度适宜后栽种。要选择茎叶颜色深、节间紧实的秧苗栽种。在栽培箱中间隔约20cm栽种秧苗，在日照和通风良好的地方培育。叶子长到20cm以上后收获。若在掐尖的同时勤于收获，植株便会长出分枝，枝繁叶茂，但开花后其味道就会变差，所以要尽早采摘。

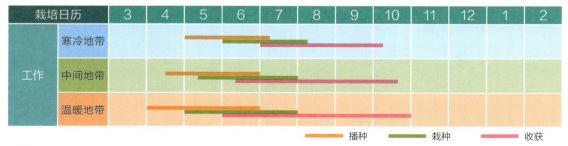

栽培日历		3	4	5	6	7	8	9	10	11	12	1	2
工作	寒冷地带												
	中间地带												
	温暖地带												

播种　　栽种　　收获

138

栽种 • • •

准备标准栽培箱。在栽培箱里间隔20cm挖3个坑，往坑里注水。

把秧苗放入挖的坑里，盖上土，轻轻按压。

充分浇水，直到水从箱底流出。

间苗·追肥·培土 • • •

长出6~8片叶子时，留下一株长势良好的秧苗。

在间苗时拔除的秧苗也可以食用。

间苗后，施加10g化肥并轻轻培土。之后每2周追肥一次，化肥同量。

采摘花穗

小技巧

7

开花后叶子会变硬，味道会变差，所以花穗要尽早摘除。

收获 • • •

8

叶子长到20cm以上时，收获柔软的叶子。勤于收获的话，植株会长出很多分枝，枝繁叶茂。

主要的病虫害和防治方法

要注意防止蚜虫和叶螨的侵害，出现时要立即捕杀。因为我们食用的是其新鲜叶子，所以要尽量避免使用农药。

芝麻菜 十字花科芝麻菜属

数据 ★★☆

培养土：市售蔬菜专用培养土

浇水：土壤表面变干后要充分浇水

施肥：长出3~4片叶子后施加化肥10g；之后每2周追肥一次，化肥同量

栽培箱条件：深度为15cm~20cm的栽培箱

特含营养成分：β－胡萝卜素、维生素C、维生素E、维生素K、钾、钙、镁、磷、铁

每次收获需要的部分，可以长时间收获

芝麻菜的原产地是地中海沿岸。虽然它在明治时代传到了日本，但好像并没有得到普及。但是随着近年来意大利料理的热潮，芝麻菜也开始普及了。

它散发着像芝麻一样的香味，带着辛辣和些许苦涩的味道。芝麻菜除了配着沙拉或三明治食用，用于凉菜或拌菜也很美味。芝麻菜富含钙、维生素C和铁等，是营养价值较高的蔬菜。

芝麻菜生长适宜温度为16℃~20℃，它喜爱凉爽气候。它耐寒，而不适合在高温、多湿和极端干燥的环境中生长，所以夏天要将其放在"半日阴"的环境中，适当浇水，悉心培育。

在栽培箱内挖两道沟，撒入种子。在种子发芽之前要悉心浇水，避免土壤干燥。双叶展开之后间苗，间隔为3cm~4cm。发芽之后，土壤表面变干后要充分浇水。在日照和通风良好的地方培育。长出3~4片叶子后施加化肥10g，之后每2周追肥一次，化肥同量。叶子长到15cm时即可收获。只采摘需要的部分，可以长时间享受收获的乐趣。

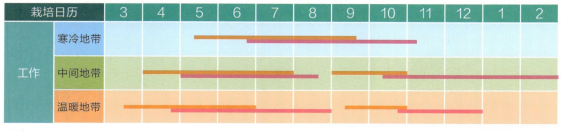

栽培日历		3	4	5	6	7	8	9	10	11	12	1	2
工作	寒冷地带												
	中间地带												
	温暖地带												

播种　　收获

栽种 •••

1

在栽培箱里挖两道深1cm的沟，间隔为15cm。在沟中每隔1cm撒入种子，之后从两侧培土，并用手轻轻按压。充分浇水，直到水从箱底流出。

间苗 • 培土 •••

2

双叶展开之后间苗，间隔为3cm~4cm，然后培土。

追肥 • 培土 •••

3

长出3~4片叶子后施加化肥10g并轻轻培土，之后每2周追肥一次，化肥同量。

主要的病虫害和防治方法

容易出现小菜蛾或蚜虫，发现之后要立即捕杀，也可以使用防虫网或遮阳网进行物理防御。

收获 •••

小技巧

4

叶子长到15cm时即可收获。第一次收获时要连同间苗一起进行，每隔一株，从根部采摘。之后从外层叶子开始采摘需要的部分，这样叶子就会陆续长出来，可以长期持续收获。收获之后要少量追肥。

迷迭香【艾菊】唇形科迷迭香属

数据 ★ ★ ☆

培养土：市售香草专用培养土

浇水：土壤表面变干后要充分浇水

施肥：栽种好，开始生长之后，施加化肥5g；之后每2周追肥一次，化肥同量

栽培箱条件：直径为20cm以上的花盆，或标准栽培箱

特含成分：芳香成分

浇水过多根部会腐烂，需要注意

迷迭香原产地为地中海沿岸的干燥地带。它为常青灌木，一年四季都可以收获。花色有白色、浅蓝色、粉红色等。

触摸其茎叶时会散发出清爽的香味，有助于消除肉类食物和鱼类食物的腥味。迷迭香除了可以做成香草茶，也可以用于化妆水，还可以泡澡时放在浴缸里。

要挑选叶子颜色深、节间紧密而壮实的秧苗栽种，在日照和通风良好的地方培育。土壤表面变干后要充分浇水。因为它不喜欢过湿的环境，若总是生长在潮湿环境中，根部就会腐烂，所以需要在稍微干燥的环境中培育。特别是在梅雨季节，需要经常稍稍修剪并保持通风，放置在雨淋不到的房檐下。栽种约1个月后可采摘鲜嫩的茎叶。它比较耐寒，若非在寒冷地带培育，则不需要进行特别的防寒准备。其根长长变弯曲之后，可以换到大一号的栽培箱里栽种。

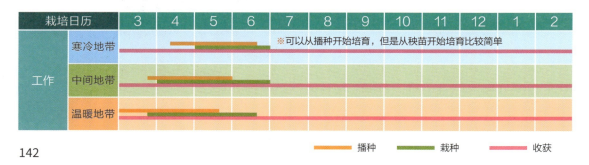

栽培日历		3	4	5	6	7	8	9	10	11	12	1	2
工作	寒冷地带					※可以从播种开始培育，但是从秧苗开始培育比较简单							
	中间地带												
	温暖地带												

播种　栽种　收获

栽种 • • •

有立起来向上生长的"直立性"品种（左），以及如同在地面爬行横向生长的"爬行性"（右）品种。在栽培箱里间隔20cm挖几个坑，种入秧苗。充分浇水，直到水从箱底流出。

追肥 • • •

开始生长后施加化肥5g，之后每2周追肥一次，化肥同量。

• • • 生 长 的 样 子 • • •

栽种后约 2 周

栽种后约 4 周

栽种后约 7 周

栽种后约 11 周

收获 • • •

栽种约1个月之后就可以开始收获。若要采摘鲜嫩茎叶，采摘从顶端向下10cm~15cm的部分即可。

主要的病虫害和防治方法

基本不用担心发生病虫害。

野草莓 薔薇科草莓属

花 果实

数据 ★ ★ ☆

培养土：市售蔬菜专用培养土

浇水：土壤表面变干后要充分浇水

施肥：开始生长后，每2周追肥一次，化肥用量为10g

栽培箱条件：深度为20cm左右的标准栽培箱

特含营养成分：维生素B、维生素C、维生素E、钙、磷、铁

勤于清理枯叶，保持植株清洁

野草莓原产地为西亚、欧洲、北美洲。在人们栽培草莓（荷兰草莓）之前，栽培的是这种野草莓。在北海道，这种草莓逐渐成为野生草莓。它比草莓更容易栽培，四季均可栽种，我们可以长时间享受收获的乐趣。其特点是果实迷你、香气略浓。

野草莓可用于冰淇淋和酸奶的果酱中。它富含维生素C等。它的生长适宜温度为15℃~20℃，它喜爱凉爽的气候。要选择叶子颜色深、节间密实的秧苗栽种。秧苗栽种在栽培箱里后，在日照和通风良好的地方培育。土壤表面变干后要充分浇水。它的根扎得比较浅，植株容易缺水，注意不要断水。开始生长后，每2周追肥一次，化肥用量为10g。果实成熟后依次收获。勤于清理枯叶，保持植株周围清洁，预防疾病。剪除趴在土壤上的葡匐茎，可让植株更加茁壮。

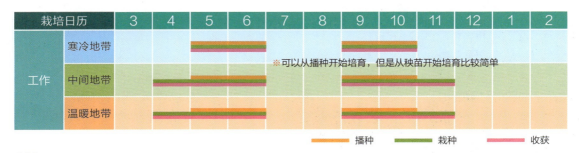

栽培日历		3	4	5	6	7	8	9	10	11	12	1	2
工作	寒冷地带												
	中间地带												
	温暖地带												

※可以从播种开始培育，但是从秧苗开始培育比较简单

播种　　栽种　　收获

栽种 • • •

在栽培箱里间隔20cm挖几个坑，往坑里注水。水渗透土壤后种入秧苗，充分浇水，直到水从箱底流出。

红果种的秧苗

黄果种的秧苗

追肥 • • •

开始生长之后，每2周追肥一次，化肥用量为10g。

清理枯叶 • • •

小技巧

因为枯叶易引发疾病，所以要勤加清理。直接用手拔枯叶会伤到植株，所以要用剪刀剪掉。

清理枯叶前

清理枯叶后

收获 • 移植 • • •

红果种

黄果种

从成熟的果实开始依次收获。因为它是多年生草本植物，随着植株的生长，其根部也会壮大，这时需要换到大一号的栽培箱里。

主要的病虫害和防治方法

发生白粉病时，喷洒按1：800至1：1000稀释的卡利绿剂®（碳酸氢钾水溶剂）；发生锈病和灰霉病时，喷洒按1：800稀释的卡利绿剂®（碳酸氢钾水溶剂）进行防治。发现蛞蝓爬过的痕迹时，要在其夜晚出来活动时在植株周围检查并捕杀。出现蚜虫时，或将其捕杀，或喷洒按1：100稀释的奥莱托®液剂（油酸钠液剂）进行驱除。

145

菜豆【四季豆】豆科菜豆属

（无蔓）五月绿2号

（有蔓）王湖

塞丽娜

数据 ★★★

培养土：市售蔬菜专用培养土

浇水：土壤表面变干后要充分浇水

施肥：间苗至一株，过1周之后施加化肥10g；之后每2周追肥一次，化肥同量

栽培箱条件：深度为30cm以上的大型栽培箱

特含营养成分：β-胡萝卜素、膳食纤维、维生素B群、天冬氨酸、凝集素

安装支柱引导，防止植株倒伏

芸豆原产于中美洲。在江户时代由隐元禅师从当时的明朝将其带回日本，其种类有"有蔓类"和"无蔓类"，但推荐新手栽种培育起来较为简单的无蔓类。另外，根据豆荚的形状也可将其分为"圆形类"和"扁平类"，两者口感也不同。

它的一种简单的食用方法是加盐煮熟，浇上蛋黄酱吃，这样可以充分享用食材的甘美。它也可用于炒菜、拌菜、凉菜、天妇罗等。它含有β-胡萝卜素、维生素B群等营养成分。它的生长适宜温度为20℃~25℃。在大型栽培箱中挖3个小坑，在每个坑中放入3粒种子，盖上土，轻轻按压。在种子发芽之前要悉心浇水，避免土壤干燥。在日照和通风良好的地方培育。发芽之后，土壤表面变干后要充分浇水。植株缺水的话花会掉落，也容易生出叶螨，所以要注意不要断水。长出4~5片叶子时间苗至一株，安装支柱进行引导。之后每2周追肥一次，化肥用量为10g。收获时要挑选鲜嫩的豆荚采摘。

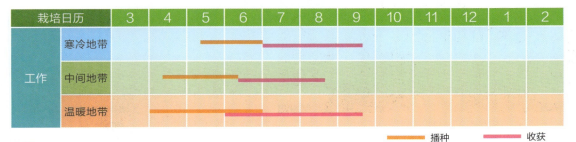

栽培日历		3	4	5	6	7	8	9	10	11	12	1	2
工作	寒冷地带												
	中间地带												
	温暖地带												

播种　　收获

播种（有蔓类／无蔓类） ● ● ●

1 在大型栽培箱里铺上箱底石，倒入培养土。间隔20cm~25cm挖3个坑，深度为2cm左右。

2 每个坑中放入3粒种子，盖上土，轻轻按压。充分浇水，直到水从箱底流出。

间苗・追肥（有蔓类／无蔓类） ● ● ●

发芽的样子

第一次　长势较差的秧苗

第二次

追肥

3 双叶展开之后间苗，拔除长势较差的一株并培土。

4 长出4~5片叶子时，间苗至1株。

5 间苗至1株后1周左右，将10g化肥均匀撒在土上。之后每2周追肥一次，化肥同量。若植株不结果，就要减少化肥的用量。

安装支柱・引导（无蔓菜豆） ● ● ●

花

小豆荚

植株长到20cm左右时，在旁边安装支柱，用麻绳等对其攀爬路径进行引导。将麻绳绕过植株茎部，然后把绳子相互缠绕起来，拧出一段麻花状的"缓冲区域"，最后将其牢牢系在支柱上。

收获（无蔓菜豆） ● ● ●

小技巧 **7**

在开花后第10~15天，即可收获那些微微膨胀的鲜嫩豆荚。若里面的豆子鼓起来，外层豆荚就会变硬。收获后要少量追肥。

安装支柱·引导（无蔓"摩洛哥"） ● ● ●

（续第147页的第5个步骤）

6

花

小豆荚

植株长到20cm左右时，在旁边安装支柱，用麻绳等对其攀爬路径进行引导。将麻绳绕过植株茎部，然后把绳子相互缠绕起来，拧出一段麻花状的"缓冲区域"，最后将其牢牢系在支柱上。

收获（无蔓"摩洛哥"） ● ● ●

小技巧 **7**

豆荚在刚开始是细长状的，长大后会变成扁平状。要在里面的豆子还没开始膨胀时收获。收获之后少量追肥。

安装支柱・引导（有蔓菜豆）• • •

（续第 147 页的第 5 个步骤）

6

藤蔓开始生长之后，将3根长度为2m左右的支柱插入土壤中，再横着系上一根短的支柱，将藤蔓引导到支柱上。用麻绳绕过植株茎部，制造一段"缓冲区域"，牢牢系在支柱上。之后要结合植株生长状况对其攀爬方向进行引导。

• • 生 长 的 样 子 • •

栽种后约5周

栽种后约6周

栽种后约7周

栽种后约8周

收获（有蔓菜豆）• • •

小技巧 7

收获和无蔓菜豆一样。但是有蔓菜豆在收获时，那些稍微鼓起来的豆荚也很好吃。

主要的病虫害和防治方法

出现蚜虫和叶螨时，使用按1∶100稀释的黏液君®液剂（淀粉液剂），或者按1∶2000稀释的马拉松乳剂进行喷洒。另外，在播种之后到长出叶子的这段时间容易遭受鸟害。如果将其栽种在开放的露台上，则需要使用不织布或防鸟网进行防护。

豇豆【豆角】豆科豇豆属

数据 ★★☆

培养土：市售蔬菜专用培养土

浇水：土壤表面变干后要充分浇水

施肥：间苗至一株，过1周之后施加化肥10g；之后每2周追肥一次，化肥同量

栽培箱条件：深度为30cm以上的大型栽培箱

特含营养成分：β–胡萝卜素、维生素B群、维生素K、钾、膳食纤维

把藤蔓引导到长度为2m左右的支柱上

豇豆原产于非洲，属于常用作红豆饭的豇豆的一种。豆荚长度一般为30cm以上，也有长到近1m长的。早采的鲜嫩豆子可以用和芸豆一样的烹饪方法，味道鲜美。其β–胡萝卜素含量高于芸豆，其他维生素和钾等营养成分含量也很高。

豇豆的生长适宜温度为20℃~30℃，它耐高温和干燥，不耐寒，因此要等气温适宜后再播种。准备大型栽培箱，撒入种子。在种子发芽之前要悉心浇水，避免土壤干燥。在日照和通风良好的地方培育，土壤表面变干后要充分浇水。可以采用和芸豆相同的培育方法，但是豇豆的豆荚会长得很长，所以需要准备足够长的支柱。豆荚长到30cm~40cm时便是收获的最佳时期。再晚收获的话，豆荚会变硬，味道会变差。

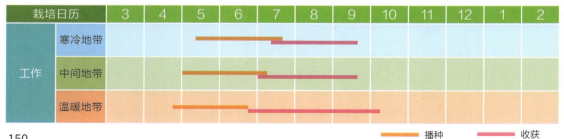

栽培日历		3	4	5	6	7	8	9	10	11	12	1	2
工作	寒冷地带												
	中间地带												
	温暖地带												

■ 播种 ■ 收获

播种 ● ● ●

1

在大型栽培箱里间隔20cm~25cm挖3个坑，深度为2cm左右。每个坑中放入3粒种子，盖上土，轻轻按压。充分浇水，直到水从箱底流出。

发芽的样子

间苗 ● ● ●

3

2 双叶展开之后间苗，拔除长势较差的一株并培土。

3 长出4~5片叶子时，间苗至一株。

安装支柱·引导 ● ● ● 追肥 ● ● ●

4

植株开始生长之后，在藤蔓开始长长之前，立上3根长度为2m左右的支柱，再横着系上几根较短的支柱，结合藤蔓的生长状况进行引导。

5

间苗至一株后1周左右，将10g化肥均匀撒在土上。之后每2周追肥一次，化肥同量。若植株不结果，就要减少化肥的用量。

引导 ● ● ●

6

藤蔓在生长期会旺盛生长。如果有长得过长而垂下来的藤蔓，就要对其进行引导。

主要的病虫害和防治方法

出现蚜虫和叶螨时，使用按1：100稀释的黏液君®液剂（淀粉液剂），或者按1：2000稀释的马拉松乳剂进行喷洒。另外，在播种之后到长出叶子的这段时间容易遭受鸟害。如果将其栽种在开放的露台上，则需要使用不织布或防鸟网进行防护。

收获 ● ● ●

小技巧

7

豆荚长到30cm以上时收获。收获后少量追肥。

151

龙豆【四角豆】豆科四棱豆属

花

豆荚

数据 ★★★

培养土：市售蔬菜专用培养土

浇水：土壤表面变干后要充分浇水

施肥：开始开花之后施加化肥10g；之后每2周追肥一次，化肥同量

栽培箱条件：深度为30cm以上的大型栽培箱

特含营养成分：维生素B群、维生素C、β－胡萝卜素、叶酸、钾、膳食纤维

安装支柱，让藤蔓茂盛生长

龙豆原产于热带亚洲，很受人们喜爱。豆荚的横断面有四角，因此得名四角豆。植株土壤上的部分枯萎之后，若挖掘其土里的部分，可以收获可食用的果实。

豆荚口感较脆，稍微有些苦。其可以在煮熟后淋上蛋黄酱食用，也可用作凉菜、炖菜、天妇罗、炒菜等，味道鲜美。龙豆除含有维生素和钾之外，其蛋白质含量也很高，一般认为其所含的营养成分仅次于大豆。推荐将挖出来的果实切片后油炸，做成"薯片"食用。

龙豆生长适宜温度为20℃~30℃，它不耐寒，因此要等气温适宜后再播种。在栽培箱内撒入种子，盖上土，轻轻按压。在种子发芽之前要悉心浇水，避免土壤干燥。在日照和通风良好的地方培育。发芽之后，土壤表面变干后要充分浇水。长出4~5片叶子后间苗至一株，因为藤蔓生长旺盛，需要使用支柱进行引导。豆荚长到15cm左右时便是收获的最佳时期。再晚收获的话味道就会变差，所以要早采。

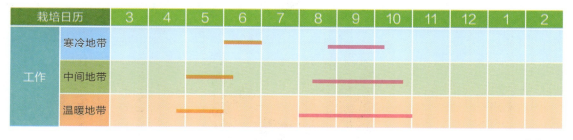

栽培日历		3	4	5	6	7	8	9	10	11	12	1	2
工作	寒冷地带			播种			收获						
	中间地带		播种				收获						
	温暖地带		播种				收获						

播种　　收获

播种 ● ● ●

在大型栽培箱里铺上箱底石，倒入培养土。间隔20cm~25cm挖3个坑，深度为2cm左右。

每个坑中放入3粒种子，盖上土，轻轻按压。充分浇水，直到水从箱底流出。

间苗① ● ● ●

图为龙豆发芽的样子。龙豆在发芽时，子叶（双叶）会残留在土中。

双叶展开之后间苗，拔除长势较差的一株并培土。

153

间苗②・・・

长出4~5片叶子时间苗，留下长势良好的一株。

安装支柱·引导 ・・・

6 藤蔓开始长长时，安装支柱。

7 将3根长度为2m左右的支柱插入土壤中，再横着系上几根较短的支柱，将藤蔓引导到支柱上。藤蔓自己就会在支柱上攀爬，要结合藤蔓的生长状况进行引导。

追肥 ・・・

淡紫色的花朵很美。

开花之后施加化肥10g。之后每2周追肥一次，化肥同量。若植株不结果，就要减少化肥的用量。

生长的样子

栽种后约 8 周

栽种后约 9 周

栽种后约 10 周

收获

小技巧 9

豆荚长到15cm左右时便可依次收获。再晚收获的话味道就会变差，所以要早采。收获之后要少量追肥。

主要的病虫害和防治方法

并不需要太担心遭受病虫害。出现蚜虫时，或将其捕杀，或喷洒按1：100稀释的奥莱托®液剂（油酸钠液剂）进行驱除。

蔬菜的花朵

无蔓菜豆

无蔓"摩洛哥"

蕹菜

香菜

龙豆

水芹

西葫芦（雌花）

香葱

落葵

辣椒

茄子

苦瓜（雌花）

罗勒

青椒

小番茄

长蒴黄麻

野草莓

迷你南瓜（雌花）

157

小油菜 十字花科芸薹属

数据 ★ ☆ ☆

培养土：市售蔬菜专用培养土

浇水：土壤表面变干后要充分浇水

施肥：第一次间苗1周后施加化肥10g；之后每2周追肥一次，化肥同量

栽培箱条件：深度为15cm~20cm的栽培箱

特含营养成分：β-胡萝卜素、维生素C、维生素E、钙、铁、膳食纤维

几乎全年都能栽种的入门级蔬菜

小油菜的原生品种原产于地中海沿岸地区，经由中国传到日本，在各地衍生出了很多不同品种。

它没有涩味，也没有令人难以接受的味道，可用作凉菜、拌菜、炖菜、火锅和味噌汤等。它富含β-胡萝卜素、维生素C、钙等，特别是铁的含量很高。小油菜的生长适宜温度为20℃左右，它喜爱凉爽气候，但耐高温也耐低温，所以除了盛夏和隆冬，几乎全年均可栽种。它的栽培周期短，所以特别推荐新手栽种。在栽培箱里挖两道沟，在沟内撒入种子，轻轻盖上土。在种子发芽之前要悉心浇水，避免土壤干燥。在日照和通风良好的地方培育。双叶展开之后间苗，间隔为3cm。土壤表面变干后要充分浇水。长出7~8片叶子之后，每隔一株进行收获。植株长到20cm左右时再依次进行收获。

栽培日历		3	4	5	6	7	8	9	10	11	12	1	2
工作	寒冷地带												
	中间地带												
	温暖地带												

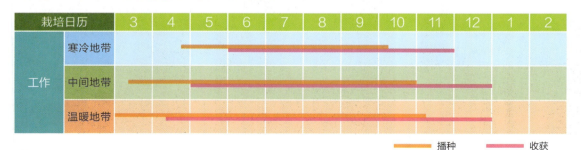

播种　　　收获

播种 • • •

1 在栽培箱里铺上箱底石，倒入培养土。挖两道深度为1cm的沟，间隔为15cm。

2 在沟中每隔1cm撒下种子。

3 用手指从两侧向沟内轻轻培土，然后用手轻轻按压。充分浇水，直到水从箱底流出。

间苗 • 培土 • • •

双叶展开之后间苗，间隔为3cm，然后培土。

追肥·培土①

5

间苗1周之后施加化肥10g并培土。

追肥·培土②

6

第一次追肥2周之后，施加化肥10g并培土。之后每2周追肥一次，化肥同量。

间苗和收获

7

长出7~8片叶子之后收获，要连同间苗一起进行，每隔一株用剪刀从根部采摘。收获之后要少量追肥。

生长的样子

栽种后约1周

栽种后约2周

栽种后约4周

栽种后约6周

收获

主要的病虫害和防治方法

春夏时期要注意防治蚜虫、小菜蛾和青虫。使用防虫网或遮阳网进行物理防御，便可实现无农药栽培。

叶子长到20cm左右时依次进行收获。生长时间太长的话其味道就会变差。若想要长时间收获，就要准备好几个栽培箱，每隔10天依次播种。

茼蒿 【菊花菜】 菊科茼蒿属

数据 ★ ★ ★

培养土：市售蔬菜专用培养土

浇水：土壤表面变干后要充分浇水

施肥：每2周追肥一次，化肥用量为10g

栽培箱条件：深度为15cm~20cm的栽培箱

特含营养成分：β−胡萝卜素、维生素C、维生素E、维生素K、叶酸、钙、铁

种子喜光，播种时盖的土层要薄

茼蒿原产地为地中海沿岸。茼蒿仅在日本、中国、东南亚地区、印度等地被作为食材，在欧洲则被视作观赏花草。根据叶子齿形深浅进行品种分类的话，其可分为大叶类、中叶类、小叶类等。

茼蒿是火锅中常吃的蔬菜，也可用作凉菜、拌菜、炒菜等。它富含胡萝卜素，还含有叶酸、钙、维生素C和维生素E等。茼蒿的生长适宜温度为15℃~20℃，它喜爱凉爽气候。它在高温且白昼时间长的环境中会出现抽薹，所以栽培时应避开夏季。在栽培箱内挖两道沟，撒入种子。因种子喜光，所以盖的土层要非常薄。在种子发芽之前要悉心浇水，避免土壤干燥。在通风良好的地方培育。发芽且双叶展开之后间苗，间隔为3cm。土壤表面变干后要充分浇水。随着植株生长继续间苗，间隔分别为6cm、12cm。植株长到20cm左右时依次收获。

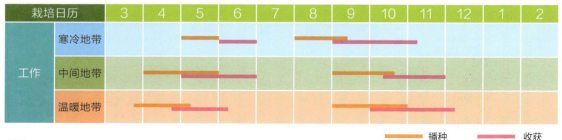

栽培日历	3	4	5	6	7	8	9	10	11	12	1	2
工作 寒冷地带												
中间地带												
温暖地带												

播种　　收获

播种 • • •

在栽培箱里挖两道浅沟，间隔为15cm。在沟中每隔1cm撒下种子，薄薄地盖上一层土，然后用手轻轻按压。充分浇水，直到水从箱底流出。

间苗 • 培土 • • •

发芽且双叶展开之后间苗并培土，间隔为3cm。

间苗 • 追肥 • 培土 • • •

第一次

第二次

3 长出3~4片叶子后间苗，间隔为6cm。将10g化肥均匀撒在土上并培土。

4 植株长到8cm左右之后间苗，间隔为12cm。将10g化肥均匀撒在土上并培土。之后每2周追肥一次，化肥同量。

收获 • • •

小技巧

植株长到20cm左右时收获，采摘用手可以掰动的嫩芽部分即可。腋芽会不断长出来，我们可以长时间享受收获的乐趣。

主要的病虫害和防治方法

茼蒿是一种抗病虫害能力较强的蔬菜，但有时会出现蚜虫，所以要检查叶子背面等地方，发现后要立即捕杀。出现潜叶蝇，并且遭受较大虫害时，需撒烯啶虫胺粒剂进行防治。

菠菜【红根菜】藜科菠菜属

数据 ★ ★ ★

培养土：市售蔬菜专用培养土

浇水：土壤表面变干后要充分浇水

施肥：长出2~3片叶子时，以及植株长到8cm~10cm时，施加化肥10g

栽培箱条件：深度为20cm左右的标准栽培箱

特含营养成分：钾、钙、磷、镁、β-胡萝卜素、维生素C、维生素E、叶酸、铁、锌

春播时要选择不抽薹的品种

菠菜原产于中亚地区，16世纪左右经中国传入日本。菠菜耐寒，在0℃会停止生长，但可以承受住零下10℃左右的低温。天气变冷时，植株所含的水分会下降，含糖量会上升，会"启动"自身的防寒功能，所以在冬天采摘的菠菜会很甘甜可口。

菠菜可用作凉菜、拌菜、味噌汤配料，小叶子也可用作沙拉。菠菜富含铁和锌等矿物质，所含维生素种类也很丰富，是一种营养价值很高的蔬菜。

菠菜的生长适宜温度为15℃~20℃。菠菜不耐热，在25℃以上容易生病，在白昼时间长的环境中会出现抽薹现象，所以栽培时应避开夏季。若是春播，要选择不易抽薹的晚抽性品种，这一点很重要。在栽培箱内挖两道沟，撒入种子。在种子发芽之前要悉心浇水，避免土壤干燥。双叶展开之后间苗，间隔为3cm。土壤表面变干后要充分浇水。在通风良好的地方育苗。植株长到20cm左右时，从根部采摘。

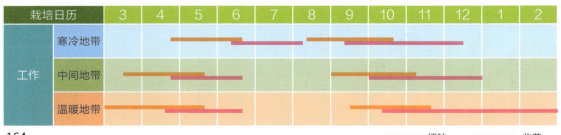

栽培日历		3	4	5	6	7	8	9	10	11	12	1	2
工作	寒冷地带												
	中间地带												
	温暖地带												

播种　　　收获

播种 ‧ ‧ ‧

准备标准栽培箱，在箱内挖两道深度为1cm的沟，间隔为15cm。在沟中每隔1cm撒下种子，盖上土，然后用手轻轻按压。充分浇水，直到水从箱底流出。

间苗 ‧ 培土 ‧ ‧ ‧

双叶展开之后间苗并培土，间隔为3cm。

追肥 ‧ 培土 ‧ ‧ ‧

第一次

第二次

3 长出2~3片叶子后，将10g化肥均匀撒在土上并培土。

4 植株长到8cm~10cm之后追肥10g并培土。

收获 ‧ ‧ ‧

植株长到20cm左右时收获，采摘需要的部分即可。

主要的病虫害和防治方法

若在适宜的时期培育菠菜，就不必太担心病虫害。环境干燥时容易生虫。出现蚜虫时，喷洒按1∶100稀释的奥莱托®液剂（油酸钠液剂）进行驱除；出现毛虫时，喷洒按1∶1000稀释的稻丰散进行驱除。有时这种蔬菜会得霉霜病，栽种时可选择抗病能力强的品种。

壬生菜【水菜】十字花科芸薹属

数据 ★★☆

培养土：	市售蔬菜专用培养土
浇水：	土壤表面变干后要充分浇水，注意不要断水
施肥：	长出8~10片叶子时，以及植株长到8cm~10cm时，施加化肥10g
栽培箱条件：	深度为15cm~20cm的栽培箱
特含营养成分：	β–胡萝卜素、维生素C、维生素E、叶酸、钙、铁、膳食纤维

培育初期要特别注意水分管理

壬生菜是自古栽培于京都的蔬菜，它在日本关西地区被称为"水菜"，而在日本关东地区，作为一种从京都传来的腌渍菜，也被称作"京菜"。

壬生菜没有令人难以接受的味道，其脆生生的口感深受人们喜爱，是煮日式火锅时不可缺少的食材，也可用作腌菜、凉菜、炒菜等，将在它鲜嫩时采摘的叶子用作沙拉也很美味。壬生菜含有β–胡萝卜素、维生素C、钙、铁等营养成分。

壬生菜的生长适宜温度为15℃~25℃，它喜爱较为凉爽的气候，植株根部会生出很多腋芽。正如其别名"水菜"，壬生菜需要大量水分才能茁壮生长，所以需要特别注意不能断水。在栽培箱内挖两道沟，撒入种子，薄薄地盖上一层土，在通风良好的地方培育。在种子发芽之前要悉心浇水，避免土壤干燥。双叶展开之后间苗，间隔为3cm。植株长到8cm~10cm时施加化肥10g，长出8~10片叶子后间苗，并每隔一株进行收获，然后追肥并培土。植株长到25cm左右时依次进行收获。

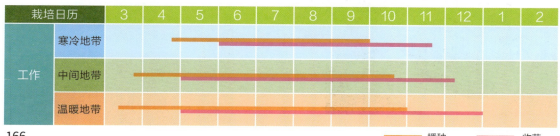

栽培日历		3	4	5	6	7	8	9	10	11	12	1	2
工作	寒冷地带												
	中间地带												
	温暖地带												

播种　　收获

播种 • • •

准备标准栽培箱，在箱内挖两道深度为1cm的沟，间隔为15cm。在沟中每隔1cm撒下种子，盖上土，然后用手轻轻按压。充分浇水，直到水从箱底流出。

间苗 • 培土 • • •

发芽且双叶展开后间苗并培土，间隔为3cm。

追肥 • 培土 • • •

植株长到8cm~10cm之后，将10g化肥均匀撒在土上并培土。

• • • 生长的样子 • • •

栽种后约1周

栽种后约2周

栽种后约4周

栽种后约6周

收获 • • •

小技巧 4

植株长到20cm左右时，连同间苗，每隔一株进行收获，然后追肥并培土。植株长到25cm左右时依次进行收获。

主要的病虫害和防治方法

出现传播病毒的蚜虫时，喷洒按1：100稀释的奥莱托®液剂（油酸钠液剂）进行驱除。出现毛虫时，使用防虫网可有效实现物理防御。

鸭儿芹　伞形科鸭儿芹属

数据 ★★★

培养土：市售蔬菜专用培养土

浇水：土壤表面变干后要充分浇水

施肥：长出4~5片叶子后施加化肥10g；之后每2周追肥一次，化肥同量

栽培箱条件：深度为20cm左右的标准栽培箱

特含营养成分：β－胡萝卜素、维生素C、钾、膳食纤维、铁、钙

注意水分管理，避免干燥

鸭儿芹原产地是日本、朝鲜半岛、中国等地区。野生鸭儿芹生长在山野潮湿的"半日阴"环境中，即使在日照不好的地方也能生长。相反，在盛夏阳光照射强烈的地方，需要对其进行遮光管理。

因其具有独特的香味，常用于汤和蒸蛋中。鸭儿芹含有β－胡萝卜素、维生素C、铁、钙等。

鸭儿芹的生长适宜温度为10℃~20℃，发芽适宜温度为20℃左右，所以春播时要等气温上升后再进行。在栽培箱内挖出浅沟，撒入种子。因种子喜光，所以覆盖的土层要非常薄。在种子发芽之前要悉心浇水，避免土壤干燥。在通风良好的地方培育。双叶展开之后间苗，间隔为3cm。土壤表面变干后要充分浇水。鸭儿芹喜爱潮湿环境，所以要注意不能断水。植株长到15cm~20cm时收获，用剪刀剪下从地面开始4cm之上的部分。继续追肥和培土的话，可以反复享受收获的乐趣。

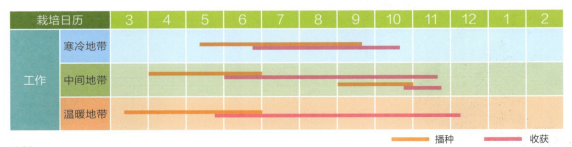

播种 • • •

在栽培箱里铺上箱底石，倒入培养土。在箱中挖一道深度为0.5cm~1cm的浅沟。在沟里每间隔1cm撒下种子，薄薄地盖一层土，并用手轻轻按压。充分浇水，直到水从箱底流出。

间苗 • 培土 • • •

双叶展开之后进行间苗并培土，间隔为3cm。

追肥 • 中耕 • • •

小技巧

3 植株长出4~5片叶子后，将10g化肥均匀撒在土上，在培土的同时进行中耕。

4 所谓中耕，就是轻轻翻动土壤表面，使其更加松软，增加其透气性和排水性。追肥和培土要结合土壤的状态进行。

收获 • • •

植株长到15cm~20cm时收获，用剪刀剪下从地面开始4cm之上的部分。收获之后继续少量追肥，它会不断长出新芽，我们可以反复享受收获的乐趣。

主要的病虫害和防治方法

这种蔬菜有时会患上霜霉病、枯萎病、根腐病等。发现植株异常时要立即拔除，以防病情蔓延。或者喷洒各种疾病相应的治疗药剂。蚜虫容易成为病毒的媒介，发现后或捕杀，或喷洒按1：100稀释的奥莱托®液剂（油酸钠液剂）进行驱除。

169

姜【生姜】姜科姜属

笔姜

根姜

数据 ★★☆

培养土：市售蔬菜专用培养土

浇水：土壤表面变干后要充分浇水；虽然不耐干燥，但浇水过多的话根部会腐烂，所以要注意水分管理

施肥：每2周追肥1次，化肥用量为10g

栽培箱条件：深度为20cm左右的圆形花盆或标准栽培箱

特含营养成分：钾、钙、膳食纤维、维生素B群、维生素C、姜酮、姜烯酚、姜辣素、倍半萜烯

紧密排列种姜，中间不要有太大的缝隙

姜的原产地为马来西亚、印度等，一般认为日本从奈良时代就开始栽培了。根据收获时期的不同其称呼也不同，在长出5~6片叶子、根还较小时收获的叫笔姜；在长出7~8片叶子、根稍微长大时收获的叫叶姜；下霜之前收获的根部长得很大的叫根姜（新姜）。

笔姜和叶姜水分多、辣味少，可以蘸着酱生吃，或者做成酸甜腌姜。根姜的辣味强烈，常用于佐料或消除炖鱼的腥味。姜含有维生素和矿物质。

姜的生长适宜温度为25℃~30℃，它不耐寒，所以要等气温适宜后再栽种。在栽培箱里倒入培养土，紧密排列种姜，中间不要有太大的缝隙。以芽的高度为基准，往上覆盖3cm~4cm深的土层。姜喜爱湿润环境，不耐干燥，特别是在夏季的干燥期要注意水分管理。

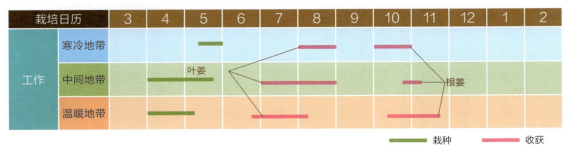

栽培日历	3	4	5	6	7	8	9	10	11	12	1	2
工作 寒冷地带			栽种			收获		收获				
中间地带		栽种 叶姜			收获				收获 根姜			
温暖地带		栽种		收获				收获				

■ 栽种　　■ 收获

170

栽种 • • •

1 图为种姜。当其块头比较大时，可以将其切分为2~3块带芽的姜块。

2 在圆形栽培箱里铺上箱底石，倒入培养土。把种姜的芽朝上，排列在栽培箱中，中间不要有太大的缝隙。

3 以芽的高度为基准，往上覆盖3cm~4cm深的土层。

4 用手轻轻按压土壤。

5 充分浇水，直到水从箱底流出。

小技巧

发芽 • • •

栽种20天左右之后发芽。在这期间，土壤表面变干后要充分浇水。图片所示是栽种后约1个月的样子。

追肥 • • •

栽种1个半月后，将10g化肥均匀撒在土上。之后每2周追肥一次，化肥同量。

笔姜的收获·追肥 •••

笔姜

去掉细根，清洗过的状态

8 长出5~6片叶子时即可收获。用手按住根部，采摘其土壤之上的部分，注意不要把土壤下的种姜一起拔出来。

9 这就是笔姜。收获笔姜1个月后，在长出7~8片叶子时，可收获叶姜。

10 收获之后少量追肥。另外，为了防止植株倒伏和根部外露，要再盖上2cm左右深的培养土（添土）。

生长的样子

栽种后约5周　　栽种后约7周　　栽种后约9周

根姜的收获 ● ● ●

11 培育到10月下旬即可收获根姜。

12 下霜之前收获它，要把整株都拔出来。气温到10℃以下时根姜容易腐烂。

13 收获的根姜。切掉茎部，清洗、晾干，用报纸等包起来，放在阴凉处保存。

清洗过的根姜。也可以用作种姜（下）或者老姜。

栽种后约18周

栽种后约23周

主要的病虫害和防治方法

不需要担心病虫害。

香葱【细香葱】百合科葱属

花

数据 ★ ★ ☆

培养土：市售蔬菜专用培养土

浇水：土壤表面变干后要充分浇水

施肥：每2周追肥一次，化肥用量为10g

栽培箱条件：深度为15cm~20cm的栽培箱

特含营养成分：膳食纤维、钙、铁、烯丙基硫醚、β－胡萝卜素

根部长长变弯曲后，需要更换栽培箱

香葱是原产于欧洲的葱科香草，但比日本的浅葱味道稍微温和。香葱开花后叶子会变硬，味道也会变差，所以要尽早采摘，但顶部盛开的紫色蓬状花朵确实很美。

可以将香葱切成葱末用于汤或沙拉之中，也可以代替葱作为佐料，用在炒菜或蛋包饭里。香葱富含膳食纤维、β－胡萝卜素、铁、钙等。

香葱的生长适宜温度为15℃~20℃，它不耐热，所以盛夏时要注意遮光，放在"半日阴"的凉爽环境中培育。土壤表面变干后要充分浇水。叶子长到25cm~30cm时即可收获，用剪刀剪下从地面开始往上4cm~5cm的部分。收获之后少量追肥，其会不断长出新芽，可以让人反复享受收获的乐趣。因为它是多年生草本植物，所以可以连续几年让它生长、收获。但是根部长长变弯曲之后，需要更换大一号的栽培箱。

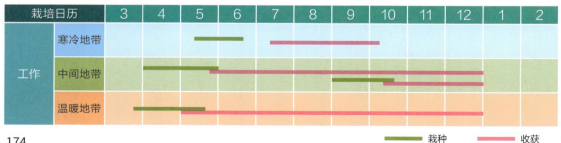

栽培日历		3	4	5	6	7	8	9	10	11	12	1	2
工作	寒冷地带			栽种		收获							
	中间地带		栽种		收获			栽种					
	温暖地带	栽种		收获									

绿色 栽种　粉色 收获

栽种 ●●●

在栽培箱里间隔20cm~25cm挖几个坑，往坑里注水。水渗透土壤后，把秧苗放入坑里，盖上土，轻轻按压。充分浇水，直到水从箱底流出。

追肥·培土 ●●●

植株长到10cm左右时，将10g化肥均匀撒在土上，并轻轻培土。

收获·追肥① ●●●

小技巧

  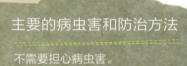

植株长到25cm~30cm高时便是收获的最佳时期。用剪刀剪下从地面开始往上4cm~5cm的部分，以收获需要的部分。收获之后追肥并培土。

主要的病虫害和防治方法

不需要担心病虫害。

收获·追肥② ●●●

收获之后继续追肥和培土的话，会不断长出新芽。图上左边的植株是第一次收获之后过了1周左右的样子。

第二次收获之后过了2周左右的样子。

香芹 <small>伞形科芹属</small>

左：意大利欧芹　右：香芹
在深度为20cm以上的圆形栽培箱里也可以栽培。
图片所示是两种芹菜各3株，在栽种2周之后的样子

数据 ★ ☆ ☆

培养土：市售蔬菜专用培养土

浇水：土壤表面变干后要充分浇水，其不耐干燥，需要注意不要断水

施肥：每2周追肥一次，化肥用量为10g

栽培箱条件：深度为20cm左右的标准栽培箱

特含营养成分：β-胡萝卜素、维生素B群、维生素C、叶酸、铁

禁不起移植，栽种时要注意别破坏根的形状

香芹原产地为地中海沿岸，是从古希腊罗马时代就开始被食用的具有香味的蔬菜。其种类有生长旺盛的皱叶欧芹和平叶意大利欧芹。

将香芹切成末，用于汤、沙拉酱、肉饭等，可使其风味更佳。意大利欧芹的苦味比较淡，可用于意大利面，也可撒入沙拉和汤中。它富含β-胡萝卜素、维生素C、维生素B群、铁等，是营养价值很高的黄绿色蔬菜。

香芹的生长适宜温度为15℃~20℃，它喜爱凉爽的气候。要选择叶子颜色较深的秧苗，每隔15cm~20cm栽种。因为它是直根性蔬菜，禁不起移植，所以栽种时要注意别破坏根的形状。香芹不耐干燥，要注意不能断水。长出15片以上的叶子后，从外层叶子向内依次收获。花开之后茎叶会变硬，所以要尽早摘掉花芽。

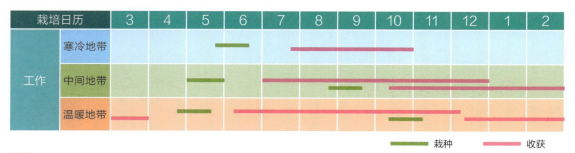

栽培日历		3	4	5	6	7	8	9	10	11	12	1	2
工作	寒冷地带												
	中间地带												
	温暖地带												

■ 栽种　　■ 收获

栽种 • • •

准备标准栽培箱，间隔20cm挖3个坑，往坑里注水。水渗透土壤后，把秧苗放入挖的坑里，盖上土，轻轻按压，注意不要破坏根的形状。充分浇水，直到水从箱底流出。

追肥·培土 • • •

开始生长后，每2周施肥1次并培土，化肥用量为10g。

收获 • • •

长出15片以上的叶子后收获，从外层叶子开始依次采摘需要的部分即可。收获后少量追肥并培土，促进新芽的生长。

意大利欧芹 • • •

栽种

追肥、培土

收获

主要的病虫害和防治方法

要注意蚜虫和金凤蝶，发现后要立即捕杀。发生白粉病时，喷洒按1：800至1：1000稀释的卡利绿剂®（碳酸氢钾水溶剂）。

薄荷 唇形科薄荷属

数据 ★ ★ ☆

培养土：市售蔬菜专用培养土

浇水：土壤表面变干后要充分浇水

施肥：栽种好，开始生长后施加化肥 10g；之后每2周追肥一次，化肥同量

栽培箱条件：深度为20cm左右的标准栽培箱

特含成分：芳香成分（薄荷醇）

花穗要尽早采摘，防止消耗植株

薄荷原产于欧亚大陆，广泛分布于世界各地，在日本比较出名的品种是日本薄荷。薄荷的种类丰富，除了纸薄荷，还有混合着水果芳香的苹果薄荷、凤梨薄荷、姜薄荷、古龙薄荷等。

薄荷独特的香气很受欢迎，可用于点缀香草茶、薄荷水、甜点等。

薄荷的生长适宜温度为15℃~25℃，即使疏于管理也能旺盛生长。要挑选叶子颜色较深、节间紧密的秧苗栽培。在栽培箱中栽种好后，在通风良好的地方培育。土壤表面变干后要充分浇水。每2周追肥一次，化肥用量为10g。开始生长时，叶子数量增加之后，采摘柔软的鲜嫩叶子。开花之后叶子就会变硬，香味也会变淡，所以长出花穗时要尽早摘除。因为薄荷是多年生草本植物，根部长长变弯曲之后，需要更换大一号的栽培箱。

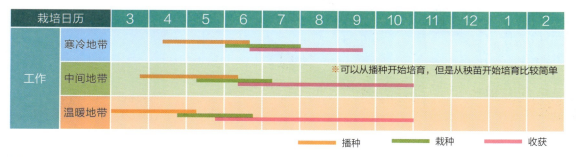

栽培日历		3	4	5	6	7	8	9	10	11	12	1	2
工作	寒冷地带												
	中间地带					※可以从播种开始培育，但是从秧苗开始培育比较简单							
	温暖地带												

播种　栽种　收获

栽种 • • •

准备标准栽培箱，间隔20cm挖两个坑，往坑里注水。水渗透土壤后，把秧苗放入挖的坑里，盖上土，轻轻按压。充分浇水，直到水从箱底流出。

追肥 • • •

开始生长后，每2周追肥一次，化肥用量为10g。

叶子数量增加之后，采摘茎部顶端柔软的鲜嫩叶子。

主要的病虫害和防治方法

不需要过于担心病虫害，但是土壤持续干燥的话，有时会招来叶螨。要适度浇水，在通风良好的地方培育。

收获 • • •

小技巧

在生长期内它会旺盛生长，但有时会出现植株内部因蒸腾变得孱弱，或者植株下方叶子枯萎、生长缓慢的现象，所以需要进行适度修枝。将整棵植株的三分之一修剪掉，然后追肥。

修枝后1周左右的样子。被修剪部位的下方生出了腋芽，枝叶繁茂。

插芽和采种

对于薄荷、罗勒、鼠尾草等植物，可以利用修剪后的茎叶进行插芽，从而轻松实现增产。使用掐尖后的小番茄等腋芽也可实现增产。

另外，收获结束后让植株开花，用以采集下一季的种子也很有趣。香草类以外的叶菜类也如此。

薄荷的插芽

准备修剪下来的茎叶以及塑料营养钵、盆底网、市售插条、播种用培养土等。

把盆底网铺在营养钵里。

倒入掐条、播种用培养土，充分浇水。

把茎叶下方的叶子摘掉，斜切茎部。

在每个营养钵里插入3株处理好的茎叶，充分浇水，直到水从钵底流出。完成之后，将其放置在"半日阴"的环境中培育，注意不要让它干燥。

这是插芽之后1个月的样子。只有新芽长出来，就可以把它移植到新的栽培箱中。

罗勒的采种

❶ 图片所示为开完花之后、穗枯萎的罗勒。用手把枯萎成茶色的穗捋下来。

❷❸ 将捋下来的穗用手掌揉搓，取出里面的种子。

❹ 因为种子较小，需要用细网筛，把种子和杂质分开。

❺ 在这种状态下，若水分残留较多，容易发生霉变。要放入通气性好的纸袋里，待其充分干燥之后再保存。

香菜的采种

❶❷❸ 这是香菜的果实，本身也可用作调味料。把整个穗摘下来，在手掌中揉搓。种子与茎叶不同，它会散发出柑橘类的清爽香气。

❹ 吹气，把种子和杂质分开。剩下的就是种子。

❺ 放入通气性好的纸袋里，待其充分干燥之后再保存。

181

关于蔬菜栽培的问答

我在日本各地进行关于蔬菜栽培的演讲，演讲结束后，
热心的观众会提出各种各样的问题。我收集了经常被问到的问题，
在这里结合与本书相关的内容进行回答。

Q 番茄好像出现了茎蔓徒长的情况。花虽开了，但是根本不结果。为什么呢？

出现这种现象的原因应该是番茄开出的第一朵花没有结果。开第一朵花的时候，由于气温还不够高而导致花朵掉落，又或者没有促进授粉的昆虫，从而导致无法授粉，这些都是常见的原因。于是在本应该结果的地方，由于没有结出果实而导致养分全都输送到了茎和叶上，所以出现了只有茎和叶茂盛的现象。这时，植株内部的平衡遭到破坏，陷入了一种即使开了花也无法结果的恶性循环中。在这种情况下，当开出第二朵花时，给植株撒一些成长催化剂，或者进行人工授粉，植株就会结出果实了。

Q 番茄的果实长裂了，为什么呢？

果实呈绿色时，不必担心它会长裂。但是当它熟透之后，表面一旦被雨打湿就会发生"生理病变"，蒂的周围会裂开。果实变红之后，表皮的弹力就会变小，禁不住来自果实内部的压力，就裂开了。因此，栽种番茄的农户都会采取避雨栽培。在栽培箱里栽种时与在田地里不同，其优点是栽培箱的位置可以自由移动，所以当果实变红之后，要将其移动到日照条件比较好的屋檐下等雨淋不到的地方进行培育。另外，也要注意不要让土壤过于干燥或者过于湿润，如果土壤的干湿程度相差太大，也会导致果实裂开，所以浇水时要注意均衡。

Q 如果不摘掉番茄的腋芽会怎么样？

腋芽是指从主枝和叶的底部（节）长出来，长得较长的枝条。栽种番茄时，基本的作业是摘掉所有腋芽，仅留下一株。如果不摘掉腋芽，植株的养分就会被分散，结果情况将不乐观。另外，枝条也会长势凌乱，植株的通风环境变差，容易成为病虫害的"温床"。所以不能让腋芽长长，发现之后要立刻摘掉。
另外，在家庭菜园里，番茄的果实长到4~5层就算栽种成功了，要把最高层之上生长的主枝剪断，也就是掐尖，不让它继续向上生长，这项工作是很重要的。要防止养分分散到茎叶，让果实充分成长。

Q 既然是小番茄，是不是栽种时就不需要支柱了？

A 就算是小番茄，一旦结了果实，茎就会因其重量而折断或倒下，所以一定要安装支柱。将直径为2cm、长度为180cm左右的支柱插入植株一侧，用麻绳系在主枝上将其往支柱上引导，并起到加固作用。

要注意系麻绳的地方不能伤害到果实，选择从花房上面的叶子上方，或者从植株下面的叶子下方绕过来，留出余量，系到支柱上。

Q 买了茄子苗，想从4月开始栽种，是不是有点儿早？

A 茄子怕冷，一旦遭受霜打，之后就难以健康生长。

4月的气温会明显上升，所以人们容易认为稍微提前一点儿也没关系。但是4月的气温变化很大，所以茄子还是有很大的遭受晚期霜打的风险的。即使在温暖地带也要等到4月末再进行栽种。在中间地带，"五一黄金周"左右是最佳栽种时期，在这个时候栽种就不必担心霜打了。在寒冷地带，最好等到5月下旬再进行栽种。

Q 听说如果茄子的雌蕊长得短就不会结果，这是真的吗？

A 这是真的。茄子是喜欢多肥的蔬菜，看花朵的状态就能确认植株的营养状态。如果雌蕊比雄蕊长，说明植株很壮实。但如果雌蕊和雄蕊一样短，就有可能是水分和肥料不足，植株得不到授粉而导致花朵落下，从而无法结果。土壤表面干了之后要充分浇水，每2周适当追肥1次。

另外，考虑到日照不足、整枝过度、被病虫害侵害等可能性，需要观察一下植株的状态。

Q 茄子上结出了像番茄一样的红色果实，这是为什么？

A 若栽种的是对病毒病等抵抗力较强的嫁接品种，有时就会结出红色果实。这应该是用于嫁接苗砧木的平茄子（赤茄子）的果实，而不是番茄，大概是从砧木里钻出的腋芽长出了果实，在它小的时候需要摘下来处理掉。另外，平茄子的果实不能食用。

Q 我正在栽种灯笼椒。它不应该是特别辣的辣椒，但偶尔会长出特别辣的果实，这是为什么呢？

A 这应该是灯笼椒受到的压力过大，而导致其中的辣味成分——辣椒素的含量增加。如果植株的水分和养分不足，在夜间也持续处于高温环境，辣味成分就会增加。土壤表面变干后要充分浇水，直到水从箱底流出。要记住每2周施肥1次。

其他辣椒也一样，水分和营养不足的话会变得更辣。

Q 得了白粉病的黄瓜可以食用吗？

通常植物得的疾病不会传染给动物，即使果实上沾着一些白色粉末，只要把白粉洗掉、果实洗干净就可以食用。

白粉病表现为叶子和果实上附着白色粉末，很容易发现。在初期，喷洒药剂就能防治。但是，疾病要是在植株上蔓延，导致不结果的话，就不要指望它能恢复健康了，只能把植株拔出来处理掉。疾病的早期发现、早期处理很重要。

Q 黄瓜蒂部长得很大，果实下方长得很细，为什么？

这应该是黄瓜的植株衰弱了。如果在5月左右出现这种症状，原因应该是缺水和缺肥，植株需要充分补充水分和营养。另外，也有因病虫害导致植株衰弱的情况，因此要检查植株的状态。如果植株遭受了病虫害，就要喷洒药剂进行驱除。

如果在7月末至8月末长出很多这样的果实，就代表植株已经老化，已经没有恢复健康的希望了。把植株拔出来处理掉，重新栽种下一季的蔬菜吧。

Q 苦瓜只开雄花，不开雌花，为什么呢？

苦瓜等瓜科蔬菜的雌花以鼓起的花萼作为和雄花区分的标志，雌花比雄花的数量

少。另外，雄花从生长初期就会开出很多，而雌花在进入7~8月之前是不怎么开花的。若茎叶生长十分茂密则只有雌花才会开放，所以先观察一段时间看看吧。

Q 南瓜总是不怎么结果，为什么呢？

南瓜是在同一植株上同时长出雄花和雌花的雌雄异花同株植物。有时即使雌花开了雄花也不开，或者因为下雨了，昆虫不活跃而无法进行授粉，这些都是导致植株错过授粉时机的原因。

因此，通常进行人工授粉就可以保证收获果实。花萼上长着圆形子房的是雌花，没有子房的是雄花，很容易辨别。早上9点之前，摘下雄花并剥掉花瓣，将花蕊蹭在雌花上使其授粉。过了9点就不产生花粉了，所以人工授粉要在清晨进行。

Q 我正在栽种迷你南瓜，但总掌握不好收获的时机，有没有判断标准？

迷你南瓜的收获时机是开花后40天左右。可以在植株上绑上用油性笔写有开花日期的标签，用于判断收获的时机。另外，如果果实的蒂部变成带有白色筋状花纹的软木状，此时就是收获的最佳时期，标志着果实完全成熟了。

收获的南瓜不要马上食用，先放在阴凉处静置2周左右将其催熟，这样它的味道会更甜。

Q 我住在高层公寓里，蜜蜂等可授粉的昆虫飞不过来。有没有不需要人工授粉也能结果的蔬果类呢？

 A 如前文所述，番茄和小番茄是最需要确保花朵授粉的。不过，如果气温上升，花粉就更易产生，容易授粉，即使不进行人工授粉也能结出果实。在它们的结果情况不好时进行人工授粉即可。茄子、青椒、辣椒等也一样。
草莓和野草莓结不出果实，或者结的果实形状不好时，用柔软的毛笔轻抚花的中心部位，使其授粉，它们就会结出形状好的果实。
雌雄异花的南瓜、西葫芦、苦瓜等必须进行人工授粉才能结果，但即使同属瓜科，黄瓜却是雌雄同株蔬菜，即使不授粉果实也能长得很大，所以不需要人工授粉。

 Q 芜菁收获之后根部裂开了，这是为什么？

 A 应该是因为收获迟了。如果根部过于肥大，就会出现开裂、空心洞等，需要多注意。芜菁从播种开始45~50天即可收获。把播种的日期用油性笔写在标签上，然后插到土里。根的直径长到5cm左右之后即可收获。
另外，如果在生长期缺水，水分无法供应肥大的芜菁的生长，也会导致果实开裂。土壤表面变干后要充分浇水，要从平时开始注意适当的水分管理。

 Q 生菜的苦味太重了，为什么呢？

 A 把生菜切开的话，从切口会流出乳液一样的白色液体。这是其苦味成分，生菜本身就有点儿苦，这是它的特点。收获的时间越晚，苦味就越重。所以如果不想它太苦的话，就趁它鲜嫩、柔软的时候收获吧。
另外，生菜抽薹之后苦味也会加重。在夜间，在路灯和室内灯光容易照射到生菜的环境中，生菜就会抽薹并冒出花芽，所以晚上需要将它放在黑暗的地方培育。

 Q 长蒴黄麻长出了果实，可以食用吗？

 A 长蒴黄麻的种子中含有一种叫毒毛旋花苷配基的有毒物质，所以绝对不能食用。因为这种蔬菜收获的是叶子，长出花蕾的话要尽早摘掉，以免植株老化。
但是，因为可以自己采集长蒴黄麻的种子，所以如果第二年也想播种，就让它开花，然后采集种子。留下长度为7cm~8cm的果荚，在秋天待其干燥之后将整个果荚摘下来。取出种子，与干燥剂一起放入密封容器，放在阴暗处保管。

 Q 夏天播下了菠菜的种子，但是长势不好，为什么呢？

 A 菠菜是喜欢凉爽气候的蔬菜。菠菜发芽的适宜温度为18℃~20℃，到了25℃以上它很难发芽。播种时要选择合适的时期。
如果无论如何都想在高温下播种，可以往种子上浇一些水，放在水箱里冷藏，待其发芽之后再播种。另外，剥去种子的硬壳部分，在种子上喷洒促进发芽的药剂可使其更加容易发芽，播种这种加工之后的"裸种"也是一种方法。

菠菜有在酸性土壤中难以发芽的性质。因为对其适当的土壤酸碱度是pH值为6.5左右，所以选择调整酸碱度后的培养土也很重要。

Q 菠菜不长大，抽薹并且开花了，为什么呢？

在温暖的白昼时间持续12~16h甚至以上的高温长白昼环境中，菠菜在播种约2周后就会长出花芽，因此容易出现抽薹。

如果是新手，推荐在秋天播种，冬天收获。如果是春播，那么最好播种不容易抽薹的晚抽性品种的菠菜。

另外，培育菠菜需要避光。路灯和家里的灯等照射出来的光，或者即使是只能透过树叶的微弱光线，也容易被菠菜误认为是白天，从而出现抽薹。所以晚上要把菠菜放在漆黑的地方培育，这一点很重要。

Q 想要收获紫苏的果实，怎么做才好？

紫苏是白昼时间在14h以下时，才会开始分化花芽的短日植物。9月上旬开始，紫苏的花芽会繁茂生长。如果还想继续收获柔软芳香的绿色叶子，那么一旦长出花芽就要立刻采摘，这是很重要的。但是，如果想收获紫苏的果实，就直接让花芽继续生长，在花穗开了三分之一时收获。收获的叶子可用于搭配佃煮、生鱼片、天妇罗等。

Q 菠菜被霜打之后反而更好吃了，这是为什么？

菠菜是具有代表性的冬季蔬菜，越经历寒冷，其甜味、鲜味就越佳，维生素等营养价值就越高，越好吃。这是因为，为了不让自己在变冷的时候被冻坏，菠菜会"减少"体内水分，增加糖分，"启动"自我防卫功能。另外，变冷的时候，叶子会向地面呈放射状展开，变成扁平的状态，这种状态被称为"莲座状"。在这种状态中，菠菜不会继续从根部吸收水分和肥料，而进入休眠状态。叶子稍微收缩，样子不太好看，但非常好吃。像这样把菠菜暴露在寒冷环境中培育的方法叫作"寒冷菠菜培育法"。

Q 剩下的种子怎么处理才好呢？

在种子袋中放入干燥剂，然后放入冰箱保存。根据保存的状态，种子的发芽率可能会下降。但如果放入密封容器，在没有水分的干燥状态下保存，第二年就可以用来播种了。

蔬菜栽培关键词

以下的关键词会对蔬菜栽培有所帮助。

侧枝
从主枝顶端以外的节长出来的枝（茎）。

抽薹
花茎长长，也叫"抽苔"。

春播
春天播种，在从夏天之前到秋天这段时间里收获的栽培方法，适用于比较喜欢温暖气候的蔬菜。

雌雄异花同株
同一植株上同时盛开雄花和雌花。一朵花中同时有雄蕊和雌蕊，叫作"雌雄同花"。

多年生草本植物
和一年生草本植物不同，即使开花、结果也不会枯死，能存活好几年的植物。

根钵
生长在塑料营养钵或营养钵里的根和土块结为一体的状态。

更新修剪
剪掉旧茎，让其长出新芽。修剪之后，植株的长势会变好。

化成肥料
是将植物生长必需的三大营养素"氮（N）""磷（P）""钾（K）"进行化学合成而成的肥料。成分含量

和比例根据产品不同而不同。在本书中，追肥使用的是N:P:K配比为8：8：8的化肥，每2周使用1次。

花房
花聚成一团。栽培番茄和小番茄时，确保其"第一花房"（植株上最先开的花房）结果是很重要的。

花蕾
花苞。长在主枝顶端的花蕾被称为"顶端花蕾"，长在侧枝上的花蕾被称为"侧边花蕾"。

间苗
植株发芽后，根据生长情况拔除秧苗，减少数量的工作。

节
指叶子、芽的根部和茎的接缝处。节与节之间称为"节间"，计量单位为1节、2节……

结果
结出果实。

茎蔓徒长
只有茎叶郁郁葱葱，而开花、结果不理想的状态。施加了含氮过多的化肥，或日照不足时会发生这样的情况。另外，如果不让番茄等蔬菜的第一花房结出果实，就会出现茎蔓徒长的现象。

连作灾害
在相同的土壤上继续栽种相同（科）的蔬菜而产生的灾害。在容器栽培中，如果使用新的培养土，就不用担心会发生这种情况。

母藤、子藤、孙藤
在黄瓜等蔓生植物中，主枝被称为"母藤"，从主枝长出来的侧枝被称为"子藤"，从子藤长出来的侧枝被称为"孙藤"。

培土
在秧苗的根部培土，不让植株倒伏。

掐尖
为了调整植株长度和促进腋芽产生，而把主枝上最顶端的芽摘下来。

秋播
秋天播种，到了冬天或者春天收获的栽培方法，适用于比较喜欢凉爽气候的蔬菜。

疏果
为了让收获的果实长得更大，通过摘掉一部分果实来调整数量。

喜光性种子
发芽时需要光照的种子，也叫作"需光发芽种子"，比如茼蒿、鸭儿芹等的种子。

修枝
剪去部分拥挤的枝条，改善植株内部的通风和日照条件。

厌光性种子
具有根据光照条件抑制发芽的性质的种子。播种时，要用种子直径3倍厚的土壤进行覆盖。也叫作"需暗发芽种子"，比如黄瓜、南瓜等的种子。

液体肥料
液体肥料具有速效性，用于追肥。种类有用水稀释到指定浓度的类型和不需要稀释的类型。本书中的追肥使用的是固体化肥，也可以使用液体肥料。使用液体肥料追肥时以1周1次为标准。液体肥料也叫"液肥"。

腋芽
从主枝顶端以外的节长出来的芽。多出现在叶子根部的上侧。腋芽生长成枝条（腋枝、侧枝）时被称为"分枝"。

一年生草本植物
一年内经历"发芽→开花→枯死"的过程的植物。本来可以存活好几年，但在日本的气候中，很多蔬菜被当作一年生草本植物来栽种。

栽种
把秧苗和种子栽培到容器里或田地里。

摘除腋芽
把腋芽掐下来。

整枝
掐尖、摘除腋芽等，整理植株生长姿态。

支柱
为了防止植株倒伏而竖立的柱子和为了让蔓生植物攀爬而安装的柱子。为了让苗深深扎根，有时也会安装临时支柱。

主枝
支撑植株生长的最主要的枝（茎），最先从子叶中长出来。

追肥
配合植物生长而施加肥料。

子叶
发芽之后最先长出来的叶。十字花科、瓜科、豆科等双子叶植物会长出2片叶子，所以也叫"双叶"。稻科、百合科等单子叶植物的子叶是1片。